RÉPUBLIQUE FRANÇAISE

MINISTÈRE DU COMMERCE ET DE L'INDUSTRIE

EXPOSITION
UNIVERSELLE ET INTERNATIONALE
DE BRUXELLES EN 1910

Groupe VIII
HORTICULTURE & ARBORICULTURE

Section Française
Classe 43
Matériel et Procédés de l'Horticulture et de l'Arboriculture

RAPPORT
PAR
M. MÉRY-PICARD
Vice-Président du Comité d'Admission et d'Installation de la Classe 43
Secrétaire-Rapporteur du Jury International de la Classe 43 à l'Exposition de Bruxelles

AVEC LA COLLABORATION DE
M. Lucien CHAURÉ
Rapporteur du Comité d'Admission et d'Installation de la Classe 43

PARIS
COMITÉ AGRICOLE & HORTICOLE FRANÇAIS DES EXPOSITIONS INTERNATIONALES
84, RUE DE GRENELLE, 84
1911

EXPOSÉ GÉNÉRAL

PARTICIPATION DE LA FRANCE

Le Gouvernement de la République Française ayant été invité à prendre part à l'Exposition Universelle et Internationale de Bruxelles pour l'année 1910, y donna son adhésion officielle.

Cette Exposition était subventionnée et encouragée par le Gouvernement de la Belgique.

L'organisation de la participation française fut spécialement placée sous l'autorité du Ministre du Commerce et de l'Industrie, et dirigée par le Commissaire Général du Gouvernement français nommé par décret du 4 Juillet 1908.

Le Commissariat Général français fut confié à M. Fernand CHAPSAL, Conseiller d'Etat, Directeur des Affaires Commerciales et Industrielles au Ministère du Commerce et de l'Industrie, ancien Commissaire Général à l'Exposition Universelle et Internationale de Liège en 1905, où il avait si bien organisé la participation française.

Par décret du 26 Janvier 1909, le *Comité Français des Expositions à l'Etranger* fut chargé de recruter, d'admettre et d'installer les Exposants français sous le contrôle du Commissaire Général. Il nomma M. PINARD, l'un de ses Vice-Présidents, Président du Comité d'Organisation de la Section Française à l'Exposition de Bruxelles.

Le *Comité Français des Expositions à l'Etranger*, d'accord avec le Commissaire Général, délégua ses pouvoirs au *Comité Agricole et Horticole Français des Expositions Internationales* présidé par M. le Sénateur VIGER, ancien Ministre, Vice-Président du Conseil supérieur de l'Agriculture, Président de la Société Nationale d'Horticulture de France, pour l'organisation des Groupes VII et VIII (Agriculture, Horticulture, Arboriculture) de la Section française à l'Exposition de Bruxelles, d'après la classification adoptée par le Commissariat Général de la Belgique.

Les 26 nationalités, ayant pris part à l'Exposition Universelle Internationale de Bruxelles en 1910, réunirent un ensemble de 28.965 Exposants.

Parmi ces 26 participations, la France venait au premier rang avec un nombre de 10.364 Exposants à titre nominatif, en comptant chacune des 152 collectivités pour une unité.

Ces 152 collectivités comprenaient 3.506 Exposants, présentant chacun leurs produits.

La France, à elle seule, avait donc fourni plus du tiers des Exposants à l'Exposition Universelle et Internationale de Bruxelles en 1910.

Première Partie

COMITÉ
d'Admission et d'Installation de la Classe 43

Sur la proposition de M. le Sénateur VIGER, Président des Groupes VII et VIII, et sur la présentation faite par le *Comité Français des Expositions à l'Etranger*, M. F. CHAPSAL, Commissaire Général du Gouvernement français, nomma membres du Comité d'Admission et d'Installation de la Classe 43 (Groupe VIII) :

MM. Abel CHATENAY, BERGEROT, BERNEL-BOURETTE, BEUSNIER, CHAURÉ, DUFOUR aîné, DURAND-VAILLANT, FONTAINE-SOUVERAIN, LANDEAU, MÉRY-PICARD, REDONT, TISSOT et TOURET

et confirma la composition du bureau du Comité d'Admission et d'Installation pour la classe 43 (Groupe VIII) :

Président

M. Abel CHATENAY, Secrétaire Général de la Société Nationale d'Horticulture de France, à Paris.

Vice-Présidents

M. MÉRY-PICARD, Ingénieur E. C. P., ancien constructeur, 138, avenue Malakoff, à Paris.

M. BERGEROT, Ingénieur civil, ancien constructeur, 6, rue Clavel, à Paris.

Rapporteur

M. Lucien CHAURÉ, Directeur-propriétaire du journal *Le Moniteur d'Horticulture*, 10, rue de Sèvres, à Paris.

Secrétaire

M. BERNEL-BOURETTE, Industriel, 84, boulevard Beaumarchais, à Paris.

Trésorier

M. TISSOT, matériel agricole et horticole, 7, rue du Louvre, à Paris.

Le Comité de la Classe 43 eut à s'occuper de l'admission des Exposants et fixa le prix des emplacements attribués à leurs expositions : à 100 francs le mètre carré sur sol, et, pour les surfaces murales, sur cloisons ou épis, à 100 francs le mètre courant de façade pour la partie au-dessus de la cimaise jusqu'à la frise ou corniche, avec un minimum de 100 francs pour tout emplacement occupé.

Il donna son adhésion pour l'édification d'un Palais de l'Agriculture et de l'Horticulture françaises à l'Exposition de Bruxelles et se fit attribuer des emplacements à l'intérieur pour les stands de ses Exposants.

Installation des Exposants de la Classe 43

A l'Exposition de Bruxelles, en 1910, M. Fernand CHAPSAL, Commissaire Général du Gouvernement français, a brillamment soutenu tous les intérêts français.

Il a mérité la reconnaissance des Exposants Agricoles et Horticoles français en les faisant bénéficier d'un terrain plus rapproché des Grands Palais, d'une superficie supérieure à celle de la concession primitive, pour l'emplacement du Palais de l'Agriculture et de l'Horticulture françaises, abritant les stands et les vitrines agricoles et horticoles, ains que pour le merveilleux emplacement de Grand Jardin de la Section française qui recevait les Expositions horticoles de plein air.

Sous la haute et active direction de M. le Sénateur VIGER, président des Groupes VII et VIII (classes 35 à 48), fut construit le Palais de l'Agriculture et de l'Horticulture françaises, dont la façade monumentale, d'une belle ordonnance artistique, fait honneur à M. Henri GUILLAUME, l'habile architecte du Comité Agricole et Horticole français.

La distribution et la répartition des emplacements à l'intérieur du Palais avaient été confiées à M. MARTEL, délégué du Commissaire Général auprès du Président des Groupes VII et VIII. Il s'en acquitta à la satisfaction générale de toutes les classes qui devaient venir y installer leurs Expositions agricoles ou horticoles, grâce à sa parfaite connaissance de tous les produits exposés.

Pour les Exposants français de la classe 43, M. Abel CHATENAY, le dévoué Président de la Classe, secondé par M. BERNEL-BOURETTE, Secrétaire du Comité, a fait disposer des stands spacieux aux emplacements désignés pour recevoir leurs vitrines ou leurs Expositions murales, de façon à les rendre très accessibles et visibles.

Les Exposants français de la classe 43, qui concouraient à l'ornementation des jardins, ont profité d'emplacements de choix dans le beau cadre du magnifique jardin de la Section française, création d'un grand mérite due au talent de M. VACHEROT, l'architecte paysagiste du Comité Horticole français.

Catégories — Subdivisions — Spécialités

DES EXPOSANTS DANS LA CLASSE 43

La Classification générale adoptée à l'Exposition de Bruxelles en 1910 est basée sur la répartition des produits en 22 Groupes et en 128 Classes.

La Classe 43, faisant partie du Groupe VIII, y est notamment, comme dans les Expositions universelles précédentes tant en France qu'en Belgique, ainsi désignée :

« MATÉRIEL ET PROCÉDÉS DE L'HORTICULTURE ET DE L'ARBORICULTURE »

Cette rubrique sommaire peut se décomposer, à l'Exposition de Bruxelles, en sept Catégories, subdivisées elles-mêmes en spécialités, pour faciliter le Classement et la description des objets présentés par les Exposants. En voici l'énumération :

I. — Art et Décoration des Jardins

Grands jardins des Sections. — Architecture des jardins. — Ornementation des jardins. — Statues. — Vases. — Rocailles.

II. — Matériel horticole

Quincaillerie. — Coutellerie. — Etiquettes. — Arrosage. — Poteries. — Thermomètres. — Toiles abris et à ombrer. — Tondeuses. — Chariots pour transplantation d'arbres.

III. — Publications horticoles

Livres. — Bulletins. — Revues. — Journaux illustrés. — Fruits moulés. — Tableaux de fleurs et de fruits.

IV. — Serrurerie horticole

Grilles de parcs et jardins. — Serres. — Châssis de couche.

V. — Chauffage de Serres

Chaudières. — Thermosiphons. — Tuyauteries. — Installations générales

VI. — Mobilier de jardin

Bancs. — Chaises. — Fauteuils. — Tables.

VII. — Associations horticoles

Syndicats. — Fédérations.

La France seule a présenté des Exposants dans chacune des sept Catégories ci-dessus.

Les présentations faites par les Exposants français et étrangers sont indiquées au tableau ci-dessous.

TABLEAU RÉCAPITULATIF

des Exposants de la Classe 43 par catégories et par pays

CATÉGORIES	France	Belgique	Allemagne	Italie	Pays-Bas	Angleterre	Brésil	Total des Exposnnts
Art et Décorations des jardins..	8	11	7	6	1	»	2	36
Matériel horticole............	7	3	8	»	»	2	»	20
Publications horticoles........	6	»	»	»	»	»	»	6
Serrurerie horticole..........	2	3	»	»	2	»	»	7
Chauffage des serres..........	1	1	2	»	»	»	»	4
Mobilier de jardins...........	1	»	1	»	1	»	»	3
Associations horticoles........	1	»	»	»	1	»	»	2
Nombre d'Exposants.....	26	18	18	6	5	2	2	77

De l'examen de ce Tableau il résulte que la Section française vient en tête avec 26 Exposants dans la Classe 43, alors que les autres Sections réunies au nombre de six ont présenté ensemble 51 Exposants pour la même Classe.

Là, comme ailleurs, la Section française, qui a fourni plus du tiers des Exposants, a maintenu la prépondérance de la France à l'Exposition de Bruxelles,

Formation du Jury International

POUR LA CLASSE 43

Le Jury international des Récompenses fut installé, le Mardi 2 Août, à 10 heures du matin, dans la séance plénière présidée par M. le Ministre de l'Industrie et du Travail, Président d'Honneur du Jury Supérieur.

Suivant le tableau de la répartition entre les diverses nations des Présidences et Vice-Présidences des Jurys de Classe arrêtée par le Ministre de l'Industrie et du Travail, il était attribué pour la Classe 43 :

La Présidence du Jury de Classe à la Belgique.
La Vice-Présidence du Jury de Classe à l'Allemagne.

Sur ces indications les jurés de la Classe 43, qui étaient de Nationalité Allemande, Belge, Hollandaise et Française, nommèrent le Président et le Vice-Président et désignèrent à l'unanimité le Secrétaire Rapporteur :

Président

M. MOREL-JAMAR .... *Belgique*
> Major de Cavalerie, Vice-Président de la Société Royale de Flore, à Boisfort.

Vice-Président

M. Fr. BRAHE .... *Allemagne*
> Architecte-horticulteur, à Mannheim.

Secrétaire-Rapporteur

M. MÉRY-PICARD .... *France*
> Ingénieur E. C. P., ancien Constructeur, Vice-Président du Comité d'Admission et d'Installation de la Classe 43, à Paris.

Jurés effectifs

M. Abel CHATENAY .... *France*
> Secrétaire Général de la Société Nationale d'Horticulture de France, à Paris.

M. BERGEROT .... *France*
> Ingénieur civil, ancien Constructeur, Vice-Président du Comité d'Admission et d'Installation de la Classe 43, à Paris.

M. Ruys... *Pays-Bas*
   Membre du Comité Central du Conseil horticole, à Dedemsvaart.

Juré suppléant

M. J.-B. Court... *Belgique*
   Constructeur de Serres, à Berchem-Sainte-Agathe.

Le Jury de la Classe 43 a fonctionné régulièrement dans les Sections de chacune des sept nationalités où se trouvaient les Exposants de cette classe, depuis le Mardi 2 Août jusqu'au Samedi 6 Août.

Le Rapport, qui contenait les listes des récompenses accordées aux Exposants et à certains de leurs Collaborateurs et Coopérateurs avec classement par ordre alphabétique a été dressée en double exemplaire par le Secrétaire-Rapporteur et contresigné par tous les membres du Jury, puis remis au Commissariat Général belge, pour servir à la publication du Palmarès.

Répartition des Récompenses

AUX EXPOSANTS DE LA CLASSE 43

Trois Exposants de la Classe 43, dont deux Français et un Allemand ont été classés **Hors Concours** en qualité de Membres du Jury International de la Classe, et un quatrième Exposant (belge) également **Hors Concours** comme ayant fait partie du Jury dans une autre Classe.

Les Exposants de la Classe 43 ont obtenu les récompenses suivantes :

Hors Concours Membres du Jury.....	4	HC
Diplômes de Grand Prix............	11	GP
— d'Honneur.................	21	DH
— de Médaille d'Or..........	22	O
— de Médaille d'Argent.......	16	A
— de Médaille de Bronze.....	2	B
— de Mention honorable.....	1	MH
	77	

Le Tableau suivant a été dressé pour bien faire ressortir la nature et le nombre des récompenses obtenues dans chacune des nationalités par leurs Exposants respectifs dans la Classe 43.

TABLEAU RÉCAPITULATIF
des Récompenses réparties par Pays aux Exposants de la Classe 43.

PAYS	Hors Concours	Grands PRIX	Diplômes d'Honneur	MÉDAILLES			Mention honorable	Totalité des Récompenses
				Or	Argent	Bronze		
France............	2	5	8	4	5	1	1	26
Belgique..........	1	2	3	7	4	1	»	18
Allemagne	1	2	3	7	5	»	»	18
Italie	»	1	3	1	1	»	»	6
Pays-Bas..........	»	1	3	1	»	»	»	5
Angleterre........	»	»	1	1	»	»	»	2
Brésil.............	»	»	»	1	1	»	»	2
	4	11	21	22	16	2	1	77
	HC	GP	DH	O	A	B	MH	

Là encore, par l'obtention d'une forte proportion dans les hautes Récompenses : **Grands Prix** et **Diplômes d'Honneur**, la France a marqué sa supériorité.

LISTE DES RÉCOMPENSES
DÉCERNÉES
aux Exposants de la Classe 43
à l'Exposition Universelle et Internationale de Bruxelles en 1910

EXPOSANTS	PAYS
Exposants qui par application de l'art. 4 du Règlement du Jury, sont mis hors concours en leur qualité de Juré.	
MM. Bergerot (Gustave), à Paris...........................	France
Brahe (Fr.), à Mannheim.............................	Allemagne
Méry-Picard, à Paris.................................	France
Morglia (Albert), à Schaerbeek.......................	Belgique

DIPLOMES DE GRANDS PRIX

MM. Buyssens (Jules), à Bruxelles........................	Belgique
Dumilieu, (François), à Bruxelles.....................	Belgique
Jardins Français, Ville de Paris.....................	France
Jardin Néerlandais..................................	Pays-Bas
Jardins de la collectivité allemande.................	Allemagne
Knodt (G.), à Francfort-sur-Mein.....................	Allemagne
Manifattura di Signa, à Florence....................	Italie
Redont (Ed.), à Reims...............................	France
Société Nationale d'Horticulture de France, à Paris..	France
Touret (Eugène), à Paris.............................	France
Tissot (J. C.), à Paris..............................	France

DIPLOMES D'HONNEUR

MM. Abner et Cie, à Ohligs.............................	Allemagne
Artificial Stone Company, à Florence................	Italie
Bernel-Bourette (Lucien), à Paris....................	France
Beusnier (Eugène), à Saint-Cloud (Seine-et-Oise).....	France
Buderussche Eissenwerke, à Wetzlar.................	Allemagne
Cuel (G.), à Billancourt (Seine)....................	France
Dini et Cellai, à Florence..........................	Italie
Dubos (Paul) et Cie, à Saint-Denis (Seine)..........	France
Dingermans (G.), à Amsterdam........................	Pays-Bas
Fédération Horticole des Pays-Bas, à la Haye.......	Pays-Bas
Frilli (Antonio), à Florence........................	Italie
Galoppin (Edm.), à Schaerbeek.......................	Belgique
Jaquet (Pierre), à Bruxelles	Belgique
Nivet jeune, à Limoges..............................	France
The North British Rubber et Co Limited, à Edimbourg.	Angleterre
Ringleven, à Rotterdam..............................	Pays-Bas
Société Nationale d'Horticulture de France, *section des peintres de fleurs*, à Paris....................	France
Société Pomologique de France, à Lyon..............	France
Tatoux (Victor), à Paris.............................	France
Van Heddeghem (Aimé), à Mont-Saint-Amand-lez-Gand...	Belgique
Walter Schott, à Berlin.............................	Allemagne

RAPPORT DE LA CLASSE 43

DIPLOMES DE MÉDAILLES D'OR

MM. Armaturenwerk, à Nürnberg-Mogeldorf................ Allemagne
Andernach, à Beuel................................... Allemagne
Beissbart et Hoffmann, à Mannheim................... Allemagne
Breydel (Louis), à Bruxelles......................... Belgique
Centralheizungs Anlagen, à Dusseldorf............... Allemagne
Commissariat Général des Etats-Unis du Brésil....... Brésil
Dufour aîné (les fils de), à Paris.................... France
Gladenbeck et fils, à Berlin......................... Allemagne
Hernaisteens (Georges), à Boitsfort-lez-Bruxelles.... Belgique
Hubaut (A.), à Bruxelles............................. Belgique
Janlet (Jules), à Bruxelles.......................... Belgique
Lhomme-Lefort (A.), à Paris.......................... France
Manufacture royale bavaroise de porcelaines, à Munich. Allemagne
Maricq, Colaux et Taburiaux, à Bruxelles............. Belgique
Maumené (Albert), à Paris............................ France
Michiels frères, à Montaigu.......................... Belgique
Pugi frères, à Florence.............................. Italie
Rheinische Gummi — und Celluloid — fabrik, à Mannheim. Allemagne
Shanks et Son Limited, à Londres..................... Angleterre
Vander Veken-Fortuné (Charles), à Bruxelles.......... Belgique
Voornveld, à Zeist................................... Pays-Bas

DIPLOMES DE MÉDAILLES D'ARGENT

Chauré (Lucien), à Paris............................. France
Durand-Vaillant, à Paris............................. France
Grommet-Michel, à Battice............................ Belgique
Gistelink (Arthur), à Gensbrugge..................... Belgique
Governo do Estado da Bahia, à Bahia.................. Brésil
Hulsberg (R.), à Hardecke-sur-Ruhr................... Allemagne
Katz et Cie, Nachfolger, à Mannheim.................. Allemagne
Kalisyndicat, à Leopoldshell-Stassfurt............... Allemagne
Lanterjung Sohne (J.), Solingen...................... Allemagne
Lebedde et Drucker, à Paris.......................... France
Linossier (Marius), à Paris.......................... France
Mazzetti (Pietro), à Florence........................ Italie
Ouin (Clovis), à Alizay (Eure)....................... France
Pabst (Emile), à Meuselwitz-s.-A..................... Allemagne
Poteries de Sirault, à Sirault....................... Belgique
Van den Bogaert de Groof (Polydore), à Boom.......... Belgique

DIPLOMES DE MÉDAILLES DE BRONZE

Launay (Félix), à Montreuil (Seine).................. France
Prochus (Léon), à Obourg............................. Belgique

DIPLOME DE MENTION HONORABLE

Association Professionnelle de Saint-Fiacre de Paris,
à Paris.. France

Deuxième Partie

SECTION FRANÇAISE

NOTES DESCRIPTIVES

Sur les Exposants Français par ordre
des Récompenses
qui leur ont été attribuées
dans les diverses Catégories
de la Classe 43

	EXPOSANTS
I. — ART ET DÉCORATION DES JARDINS.......	8
II. — MATÉRIEL HORTICOLE....................	7
III. — PUBLICATIONS HORTICOLES	6
IV. — SERRURERIE HORTICOLE................	2
V. — CHAUFFAGE DE SERRES..................	1
VI. — MOBILIER DE JARDIN.....................	1
VII. — ASSOCIATIONS HORTICOLES..............	1

FRANCE

I

Art et Décoration des Jardins

GRANDS PRIX

VILLE DE PARIS...... *Jardins de la Section française.*
MM. REDONT .... *Perspectives de Parcs et Jardins.*
      TOURET .... *Aquarelles de Parcs et Jardins.*

DIPLOMES D'HONNEUR

MM. CUEL .... *Vases et statues en pierres agglomérées.*
   PAUL DUBOS et Cie. *Vases et statues en bétons agglomérés.*
   NIVET jeune..... *Travaux de Parcs et Jardins.*
   TATOUX .... *Rocaillages des Jardins Français.*

MÉDAILLE D'ARGENT

M. LINOSSIER....... *Plan et perspective d'un jardin paysager.*

VILLE DE PARIS
Service des Fêtes et Expositions
M. VACHEROT, Architecte-Paysagiste

La Ville de Paris et le Comité Agricole et Horticole Français des Expositions Internationales établirent en participation les Jardins de la Section Française qui firent sensation à l'Exposition de Bruxelles.

Les Exposants de l'Horticulture et de l'Arboriculture françaises (Groupe VIII) trouvèrent là un magnifique cadre pour leurs présentations, grâce à M. Vacherot, paysagiste, chargé officiellement des Jardins français à Bruxelles, en 1910, comme il l'avait été dans toutes les Expositions Universelles à l'Etranger depuis celle de Paris, en 1900, où il était jardinier en chef.

Ceux qui sont initiés aux difficultés et aux encombrements de toutes sortes qui retardent la création des jardins pendant les quelques mois accordés avant l'ouverture d'une Exposition universelle, sans compter les intempéries de la saison, ne pouvaient rester indifférents en face d'une œuvre si complète et si harmonieuse. Aussi leur admiration allait-elle sincèrement au vaillant artiste qui l'avait dessinée et mise au point si rapidement.

Dans l'emplacement, concédé à cet effet, d'une superficie supérieure à 20.000 mètres carrés, sur un terrain très en contrebas, enveloppé de trois côtés par de larges terrasses donnant accès aux Grandes Galeries de la France et à différents pavillons étrangers, les Jardins de la Section française créés par M. Vacherot, se développèrent comme par enchantement.

A l'entrée, formant un petit exhaussement, s'étendait sur toute sa largeur, un terre-plein rectangulaire et son rond-point central, le tout d'un fort beau dessin, dont les plates-bandes et les petits talus bien alignés étaient garnis de décorations florales et de plantations du meilleur goût.

A l'extrémité opposée, de forme demi-elliptique, au pied des pentes des grandes terrasses, pour adoucir les différences de niveau, s'étageaient, reliées entre elles par de larges escaliers, des plates-formes où se mélangeaient, dans le plus gracieux effet, les sujets décoratifs avec les plates-bandes de verdure garnies de plantations et de fleurs variées.

La partie centrale, entre les deux grandes allées latérales longeant les palissades formées par les alignements des arbres fruitiers en tiges ou en espaliers, présentés par les Exposants arboriculteurs français, était légèrement en cuvette.

De belles et grandes pelouses, gracieusement vallonnées, descendaient

jusqu'au jardin à la française entourant les pièces d'eau du fond, composées d'un grand bassin central, au point bas, et de quatre bassins rectangulaires formant la croix, dont une légère surélévation avait motivé les petites cascades qui déversaient leurs eaux dans le grand bassin du milieu.

M. Vacherot avait disposé avec goût les statues et les grands vases en pierres et bétons agglomérés des Exposants français de la Classe 43, en vue de la décoration des Jardins de la Section française.

Le même souci de l'harmonie avait présidé au groupement des lots de plantes et de fleurs exposés par les horticulteurs et arboriculteurs français.

Les visiteurs qui ne cessaient de venir admirer les Jardins de la Section française, s'accordaient à reconnaître dans l'œuvre si largement conçue du paysagiste français, la beauté de l'ensemble et la grâce harmonieuse des détails.

Le Jury international de la Classe 43 attribua à la Ville de Paris un **Diplôme de Grand Prix** pour les Jardins de la Section française.

M. EDMOND REDONT

Architecte-paysagiste

64, Rue Louis-Blanc, à Paris. — 34, Boulevard Louis-Roederer, à Reims.

Dans les panneaux d'une importante Exposition Murale, M. E. Redont avait groupé un grand nombre d'aquarelles et d'épreuves photographiques représentant certains des principaux travaux qu'il a eu à étudier, diriger ou exécuter pendant ces dix dernières années tant en France qu'à l'Etranger :

Notamment pour les promenades, squares, parcs et jardins de la Ville de Reims, dont les premiers travaux remontent même à 1880 et se sont continués jusqu'en 1904, ainsi que le mentionne un certificat délivré à M. E. REDONT par la Mairie de Reims, à la date du 18 janvier 1907, à titre de renseignement administratif.

Parmi les plus marquants à l'Etranger, le grand Parc Bibesco, d'une étendue de 200 hectares environ, qui fut adopté avec le plan pour l'assainissement et pour l'embellissement de la Ville de Craïova (Roumanie).

Cette étude des projets et des plans de transformation et d'embellissement de la ville fut confiée, en 1898, à M. REDONT, ainsi qu'il le relate dans sa brochure fort intéressante faite en mai 1904, intitulée : *Ville de*

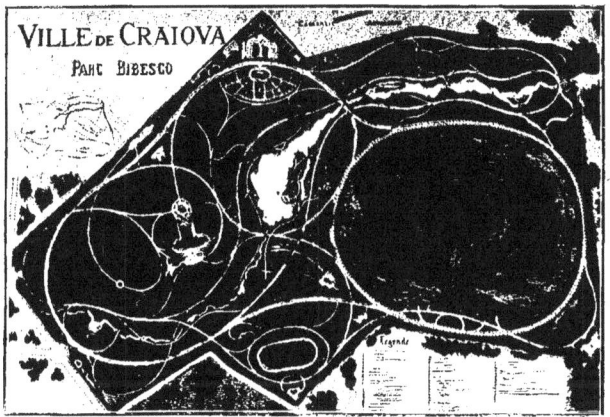

Craïova, histoire descriptive des embellissements et création des Promenades, Parcs, Jardins et Voies Publiques plantés ou décorés par M. E. REDONT, Architecte paysagiste, Directeur des travaux d'embellissement de la Ville de Craïova.

Cette brochure, de laquelle sont extraits les dessins ci-joints, signale que les premiers travaux furent exécutés dès l'année 1899 et continués sans interruption depuis mars 1901 jusqu'à fin décembre 1903.

Figuraient également des projets, études et travaux pour Parcs d'autres villes principales de Roumanie et pour Bucarest, la capitale, indépendamment de ceux concernant les domaines des résidences royales.

Enfin, au milieu de quelques-uns de ses travaux en France, les plans, vues perspectives d'ensemble et détails du parc et des jardins de la Villa Cléry, à Bougival (Seine-et-Oise), dont l'exécution est achevée depuis quelques années.

M. REDONT rappelle en outre ses récompenses antérieurement obtenues, parmi lesquelles :

Médaille d'Or, à Paris 1900 et à Saint-Louis 1904.

Grands Prix, à Liège 1905, Milan 1906, Londres 1908, Saragosse 1908.

Le Jury international de la Classe 43 lui a décerné un **Diplôme de Grand Prix**.

M. EUGÈNE TOURET

Architecte-Paysagiste

27, Rue Franklin, à Paris

Avait installé de toutes pièces un beau stand particulier, rattaché à ceux de la Classe 43, pour y faire son exposition personnelle. Ce stand arrangé et orné par ses soins formait un salon du meilleur goût. Les trois surfaces murales élégamment tapissées étaient garnies de beaux et grands

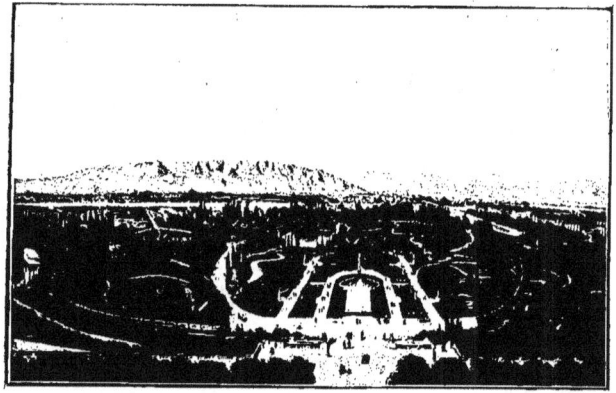

dessins à l'aquarelle, de dimensions uniformes, représentant les études et créations de M. TOURET.

Des vues en perspective de Parcs et Jardins publics ou privés mettaient en relief les progrès réalisés dans l'art des jardins par l'architecture française.

Parmi ces nombreux projets, celui composé pour la Ville de Valence était d'un beau style mixte.

Dans toutes les conceptions paysagères qu'il exposait, M. TOURET avait apporté la même préoccupation de belle harmonie et de bonne exécution, montrant sa parfaite connaissance des travaux de l'architecture paysagiste et de la culture horticole.

Il présentait entr'autres études ou créations faites pour des propriétés particulières : l'une des belles parties du Parc du château de Nettancourt, avec ses jardins à la française, devant les façades du château ; et, dans lesquels la belle ordonnance des allées et des pelouses gazonnées, qui enve-

loppent une large pièce d'eau agrémentée d'une île centrale ornée d'un parterre fleuri de grand style, complète un ensemble harmonieux, rehaussé par une ornementation sobre et élégante.

M. TOURET avait tenu à présenter des spécimens de ses travaux, destinés surtout à faire apprécier ses idées personnelles sur l'application des principes de l'école française dans l'art des jardins.

L'ornementation de son stand était complétée par des inscriptions bien encadrées, qui rappelaient les *cinq Grands Prix* obtenus précédemment par lui dans les Expositions Universelles et Internationales à l'Etranger.

Le Jury international de la Classe 43 lui attribua un **Diplôme de Grand Prix**.

M. GILBERT CUEL
Pierres agglomérées
39, Route de Versailles, à Billancourt (Seine)

Exposait quinze belles pièces ornementales en pierres agglomérées de sa fabrication, reproduisant des œuvres de grande valeur artistique, qui placées sur des socles ornèrent les Jardins de la Section française :

4 *Vases Marly*, du Château de Versailles, dans les parties à la française ;
1 *Groupe Marmousets* du Château de Versailles, au milieu du grand bassin central avec jet d'eau ;

4 *Sphinx Louis XV*, du Musée du Louvre, aux extrémités des bassins ;
2 *Pêcheurs Napolitains*, de Rude, au milieu des bassins ;
2 *Napolitaines*, de Grégoire, au milieu des bassins.

1 *Berger et petit faune*, de Coysevox, au milieu d'une terrasse de droite au pied des talus ;
1 *Paon de Caïn* (grande pièce décorative), placée dans les Galeries de la Section française.

La fabrication de M. CUEL est très appréciée en raison du fini de l'exécution,

Le Jury lui attribua un **Diplôme d'Honneur**.

MM. PAUL DUBOS & CIE
Bétons agglomérés

6, Rue Coignet, à Saint-Denis (Seine)

Cette Maison, bien connue par la perfection avec laquelle elle exécute ses reproductions, en bétons agglomérés, des œuvres d'art dont elle s'est assurée la propriété, ainsi que par la bonne exécution de ses propres créations, avait exposé :

2 *Vases Régence*, sur Piédestaux des Tuileries, placés devant l'entrée principale du Palais de l'Agriculture et de l'Horticulture française ;

16 *Vases divers* (Borghèse, Tête de satyres, Dyonisos, Alban etc.) ;
4 *Statues* (Faune flutiste, Il Pensiero, Diane de Gabies, Daphné, de Veeck).

qui furent placés dans les Jardins de la Section française pour la décoration des grands escaliers, des bassins, des pelouses et des terrasses.

Le Jury décerna à MM. Paul Dubos et Cie, un **Diplôme d'Honneur**.

M. NIVET Jeune

Architecte-Paysagiste

2, Boulevard Saint-Michel, à Limoges (Haute-Vienne)

La Maison, fondée en 1848, à Limoges, fut continuée et agrandie par M. Nivet jeune, à qui ses études spéciales dans l'Art des Jardins permirent de développer ses entreprises générales de Parcs et Jardins, tout en augmentant l'importance de son Etablissement Horticole et de ses Pépinières.

Il fut entrepreneur général du Jardin de l'Esplanade à Montpellier, sous la direction de M. Edouard André, Architecte-Paysagiste, à Paris, et, du

Parc Jouvet, à Valence-sur-Rhône, sous la direction de M. Clerc, Ingénieur en Chef.

Comme Architecte-Paysagiste, ses créations et exécutions de quantité de parcs et jardins privés justifient la bonne réputation dont il jouit dans sa région et dans le centre de la France.

M. Nivet jeune avait obtenu, à partir de 1895, des *premiers prix* et des *Objets d'art* avec primes dans différentes Expositions Internationales en France et à l'Etranger, plus une *Médaille d'Argent* à l'Exposition Universelle de Paris en 1900.

Il reçut un **Diplôme d'Honneur**, à Bruxelles, en 1910.

M. MARIUS LINOSSIER

Architecte-Paysagiste

31, Rue de la Pompe, à Paris

Un des jeunes représentants de l'Ecole française de l'Architecture paysagiste, exposait de belles aquarelles reproduisant ses travaux tout récemment exécutés, entr'autres le Parc du Castel des Mignotteries, à l'Etang-la-Ville (Seine-et-Oise).

Le plan du parc et des jardins de la propriété située à flanc de coteau, d'une superficie de près de deux hectares, était complété par une vue perspective d'ensemble fort bien rendue, qui met en valeur le bon parti

obtenu, dans les mouvements et accidents du terrain pour le tracé des allées, des pelouses et de la rivière artificielle avec cascades et pièces d'eau.

Quelques détails bien traités faisaient ressortir la recherche judicieuse et l'utilisation des principaux points de vue.

M. LINOSSIER s'était déjà fait remarquer et avait été récompensé aux Expositions Universelles de Milan en 1906, Franco-Britannique de Londres en 1908 et Hispano-Française de Saragosse, en 1908.

Il obtint un **Diplôme de Médaille d'Argent** à l'Exposition de Bruxelles.

M. VICTOR TATOUX
Rocailleur
127, Avenue Victor-Hugo, à Paris

Ses travaux en ciment et rocaille, dans les Jardins de la Section française, pour les marches des escaliers et particulièrement pour la construction du Grand Bassin Central et de ses raccordements avec les bassins allongés et ceux des côtés, étaient d'une exécution très soignée.

Les profils élégants des contours des bassins, ainsi que les dispositions des passerelles à gué dans les allées centrales, et des petites cascades déversant les eaux dans le grand bassin central, contribuaient agréablement à la belle décoration des Jardins de la Section française.

Il lui fut attribué un **Diplôme d'Honneur**.

FRANCE

II
Matériel Horticole

GRAND PRIX
M. TISSOT .... *Outillage horticole.*

DIPLOMES D'HONNEUR
MM. BERNEL-BOURETTE ...... *Thermomètres.*
BEUSNIER .... *Chariots transplanteurs.*

MÉDAILLES D'OR
MM. DUFOUR aîné............. *Toiles pour abris et à ombre*
FONTAINE-SOUVERAIN.... *Echelles de cueillettes-fruitiers.*
LHOMME-LEFORT......... *Mastic à greffer.*

MÉDAILLE DE BRONZE
M. LAUNAY .... *Étiquettes sous verre.*

M. BERNEL-BOURETTE
Thermomètres
84, Boulevard Beaumarchais, Paris

Maison fondée, en 1835, par M. H. E. BOURETTE, Inventeur breveté S. G. D. G. des thermomètres en zinc fondu à inscription en relief, universellement appréciés parce qu'ils restent toujours lisibles, malgré le soleil, la pluie ou la poussière.

M. BERNEL-BOURETTE, son petit gendre, reprit la Maison en 1902. Il avait exposé dans une coquette vitrine la collection complète des Thermomètres de sa fabrication courante, montés sur zinc fondu, ordinaires et à minima, puis des dispositions spéciales de thermomètres à maxima, de thermométrographes, ainsi que ses créations récentes du Thermomètre-piquet pour couches et du Pagoscope avertisseur de la gelée.

Le nouveau Thermomètre-piquet pour couches est garni à sa base d'un fourreau cylindrique terminé en cône percé de trous pour transmission plus facile de la température au réservoir du thermomètre. Sa graduation permet la lecture des degrés sans lever le châssis de couche.

BB
DÉPOSÉ

Le *Pagoscope* — avertisseur de la gelée — fournit ses indications au coucher du soleil. Il est basé sur la mesure de la tension de la vapeur d'eau dans l'atmosphère. Il se compose de deux thermomètres : l'un sec, l'autre mouillé, fixés sur la même planchette portant un tableau divisé par des lignes horizontales correspondantes aux degrés de l'échelle du thermomètre sec ; l'échelle du thermomètre mouillé correspond à des divisions graduées sur un arc de cercle placé en haut. Une aiguille mobile libre, manœuvrable à la main, permet de déterminer un point d'intersection, qui suivant la zône colorée dans laquelle il se trouve indique : *rouge*, gelée certaine ; *jaune*, gelée possible ; *vert*, pas de gelée.

Le Jury international de la Classe 43 décerna à M. BERNEL-BOURETTE un **Diplôme d'Honneur**.

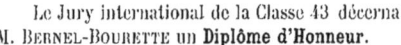

M. EUGÈNE BEUSNIER
Constructeur breveté

Rue des Milons, à Saint-Cloud (Seine)

Il s'appliqua à perfectionner le *Chariot transplanteur* de M. SEIGNANT, son prédécesseur. Son brevet, du 7 mai 1902, réunit toutes les améliorations les plus ingénieuses pour permettre le transport des arbres soit dans la

position verticale, soit dans la position horizontale, ou dans toute autre position inclinée intermédiaire, et cela en conservant intacte la motte de terre.

Le dessin ci-contre en fait nettement ressortir toutes les heureuses dispositions.

M. BEUSNIER exposait également une de ses dernières créations : un chariot à 2 roues pour le transport des petits arbres et des grosses caisses d'orangers, de grenadiers ou de grandes plantes. C'est une simplification de son grand chariot transplanteur.

M. BEUSNIER présentait un petit modèle en réduction de son chariot de 1902, exécuté avec le plus grand soin et fonctionnant comme les grands chariots, puis des vues photographiques reproduisant les applications et opérations de tout le matériel de transplantation et de voirie qu'il construit dans ses ateliers.

Le Jury lui attribua un **Diplôme d'Honneur**.

M. FONTAINE-SOUVERAIN
Constructeur
9, Rue des Roses, à Dijon

Présentait tout un lot d'échelles simples, doubles et à coulisse, de bonne et robuste construction, pour la taille et la cueillette des arbres dans les jardins.

Son système, déposé et perfectionné, *La Dijonnaise*, est à coulisse avec déclanchement automatique.

A côté des échelles, se trouvaient des échantillons de treillages décoratifs, des caisses à fleurs, des claies à ombrer les serres, des fruitiers portatifs, des escabeaux à bascule, etc. etc., puis, un petit kiosque en réduction avec spécimens de bois découpés.

M. FONTAINE-SOUVERAIN obtint un **Diplôme de Médaille d'Or**.

Maison DUFOUR Ainé
Fabrique toiles pour abris
27, Rue Mauconseil, à Paris

Les toiles DUFOUR, fabriquées entièrement à la main nécessitent l'emploi de fils solides sans aucun apprêt. Elles sont différentes suivant l'usage auquel elles sont destinées.

La marque déposée porte une lisière en fils de métal dénommée l'*Indéchirable*.

La Maison Dufour exposait sur un tableau mural d'une composition bien étudiée, avec une répartition judicieuse, d'abord des petits rouleaux d'échantillons de ses toiles spéciales pour abris, comprenant :

Toile Abri Dufour, spéciale pour espaliers, munie de lisières *indéchirables* à un fil métal.

Toiles à vignes, genre toile d'emballage, soit avec lisières renforcées, soit avec lisières *indéchirables* à un ou deux fils métal.

Toiles à ombrer, pour les serres, châssis, jeunes plants, etc. etc., en fil de lin, de deux qualités : supérieure et ordinaire.

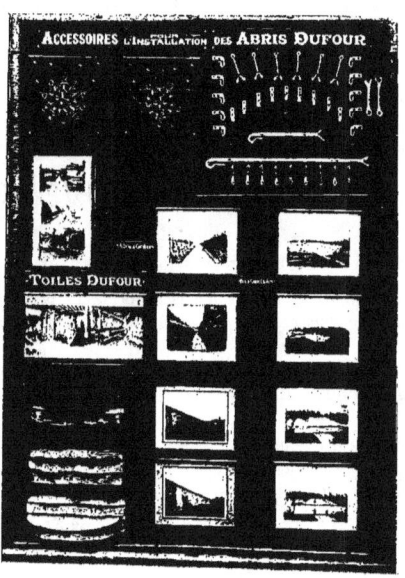

Toiles toutes blanches, en fils de coton retors, qualité extra, recommandée pour serres à orchidées.

Toile à ombrer imputrescible, fabriquée en fibre de coco, suffisamment épaisse et serrée pour remplacer les paillassons.

Toile enduite noire Dufour, pour couvrir serres et châssis, ni cassante, ni collante, s'emploie de plus en plus au remplacement des paillassons.

Toile Mika, transparente et imperméable, pour abris de chrysanthèmes.

Sur son tableau mural, la Maison Dufour avait placé, dans une disposition fort bien ordonnée, tous ses accessoires spéciaux pour abris d'espaliers, de contre-espaliers, de cordons, ainsi que pour les serres et les arbres fruitiers en plein vent, s'y trouvait aussi sa série courante pour ensachage des fruits et des raisins.

Etaient cités, par elle, plusieurs jardins publics et particuliers dont elle avait fait les installations complètes.

Le Jury décerna un **Diplôme de Médaille d'Or** à MM. les fils de Dufour aîné.

M. FÉLIX LAUNAY
Fabricant d'Étiquettes
30, Rue Molière, à Montreuil (Seine)

Exposait ses étiquettes inaltérables qui se recommandent par leur propreté, leur solidité et leur bon marché.

L'étiquette proprement dite, écrite à la main ou imprimée, le plus généralement sur bristol, se coulisse dans un étui en cristal fermé par un bouchon ou fermé hermétiquement au feu à l'une de ses extrémités ; l'autre extrémité renforcée et aplatie est percée d'un trou traversé par l'attache en fil de fer galvanisé ou en cuivre.

Pour les étiquettes horizontales l'étui est fermé hermétiquement au feu et renforcé à ses deux extrémités, avec étranglement pour enrouler le fil d'attache.

L'étui fiche, renforcé à sa base pointue, est recommandé pour semis, plantes en pots, orchidées, etc. etc.

Tous ces étuis varient en longueur de 7 à 15 centimètres et en largeur de 1 à 3 centimètres.

Le Jury décerna à M. Launay, un **Diplôme de Médaille de Bronze**.

Maison LHOMME-LEFORT
38, Rue des Alouettes, à Paris
Fabrique de Mastics pour greffage
(Directeur : M. Louis AMIARD)

Présentait dans une vitrine étagée sur les 4 côtés, toutes les séries de ses boîtes de *Mastics Lhomme-Lefort*, dont l'emploi est universellement répandu et apprécié, soit pour greffer à froid, soit pour cicatriser les plaies des arbres et arbustes. Y figuraient aussi des échantillons de Mastic liquide L'homme-Lefort (nouveauté), qui s'emploie très facilement au pinceau.

Le Jury attribua un **Diplôme de Médaille d'Or** à la Maison Lhomme-Lefort.

Maison J.-C. TISSOT
Quincaillerie Horticole
7, rue du Louvre, Paris

Une grande et spacieuse vitrine, à glaces sur les quatre faces, renfermait une importante collection d'outils et d'appareils employés couramment dans les travaux de l'horticulture. Le tout formant un groupement supérieurement dressé, étiqueté avec le plus grand soin pour références au Catalogue prix-courant de la Maison.

M. Tissot s'était attaché à présenter surtout des outils et appareils horticoles dont certains de son invention lui sont exclusifs et d'autres dont il a acheté la licence de fabrication. Tous ces objets étaient d'une exécution parfaite.

Il y avait notamment :

Des sécateurs forme Paris ou du Professeur, d'autres avec scie ; à long manche, cueille-fleurs, de gros sécateurs, des cisailles légères, des cueille-fleurs automatiques, des cueille-asperges Tissot, des pinces à insectes, des tuteurs ou supports spéciaux pour œillets, fraises et melons ;

Des seringues-canne, des seringues perfectionnées et d'autres avec jet pulvérisateur ;

Des arrosoirs pyriformes, des arrosoirs modèle Tissot à très long goulot et pomme plate, des anglais dits Kew, d'autres genre burette, ou automatiques avec long manche ; un appareil entonnoir pour arroser directement sur les racines. Des appareils spéciaux tels l'arrache-colchique pour arracher toutes sortes de racines, oignons ou mauvaises herbes ; des guêpiers en verre ;

Des réchauds portatifs à tiroir pour chauffage des voitures de plantes des horticulteurs ;

Des fumigateurs et soufflets pour soufre à la nicotine ;

Un germinateur ou éprouve-graines Tissot ;

Plus un lot d'outils nouveaux de création récente : attache-fruits, cueille-fraises et pois, cueille-fleurs lyonnais, cône-piège pour insectes ; taquet pour coffres ; tête de tourniquet arroseur ; jet pulvérisateur tournant pour batterie arroseuse ; lances maraîchères avec pomme spéciale ; arrosoir à débit variable ;

Tarare réduit pour nettoyage des graines.

M. Tissot ajoutait à ses présentations intéressantes la liste de ses récompenses obtenues dans les grandes Expositions Universelles précédentes : *Médaille d'Or*, Paris 1900. *Cinq Grands Prix* : Saint-Louis 1904, Liège 1905, Milan 1906, Londres, 1908, Saragosse 1908.

Le Jury International de la Classe 43 lui a décerné un **Diplôme de Grand Prix**.

FRANCE

III
Publications Horticoles

GRAND PRIX

Société Nationale d'Horticulture de France.

DIPLOME D'HONNEUR

Section des Beaux-Arts de la Société Nationale d'Horticulture de France.
Société Pomologique de France.

MÉDAILLE D'OR

MM. A. MAUMENÉ... Directeur de *La Vie à la Campagne*.

MÉDAILLE D'ARGENT

MM. Lucien CHAURÉ. Directeur propriétaire du *Moniteur d'Horticulture*.
OUIN.......... *Fruits moulés*.

SOCIÉTÉ NATIONALE D'HORTICULTURE DE FRANCE

84, Rue de Grenelle, à Paris

Président : M. le Sénateur VIGER, ancien Ministre.
Secrétaire-Général : M. Abel CHATENAY.

La Société Nationale d'Horticulture de France avait fait placer dans les Stands du Palais de l'Agriculture et de l'Horticulture françaises, réservés à la Classe 43, quatre vitrines garnies d'une centaine de volumes empruntés à son importante bibliothèque.

Dans l'une, à titre de documentation, elle montrait un exemplaire de chacune des publications éditées par elle depuis sa fondation. C'était une collection de nombreux ouvrages et bulletins retraçant chronologiquement son histoire.

Parmi les plus récents se trouvait la belle édition de *Les meilleurs fruits au début du* XXe *siècle*, ouvrage de vulgarisation datant de 1907, dû à la collaboration de tous les membres de la Section Pomologique de la Société

Nationale d'Horticulture de France et à la Commission permanente des études qu'elle avait nommée à cet effet. Cet ouvrage est remis gratuitement à tous les membres de la Société et ne se trouve pas en librairie.

Il y avait aussi quelques volumes des principaux périodiques horticoles français disparus aujourd'hui, tels : l'*Orchidophile*, l'*Horticulteur français*, l'*Horticulteur Universel*, le *Portefeuille des Horticulteurs*, *Journal et Flore des*

Jardins, Annales de Fromont, Revue des Jardins, Annales de Flore et de Pomone.

La Société d'Horticulture avait chargé son érudit bibliothécaire M. Georges Gibault, auteur d'une *Etude sur la Bibliographie et la Littérature horticoles anciennes* de faire un choix parmi les livres rares et curieux de sa riche bibliothèque, dont les collections sont inappréciables, puisqu'il serait impossible à l'heure actuelle de trouver en librairie la plupart de ses ouvrages anciens.

Une disposition ingénieuse avait été adoptée pour mettre en valeur les beaux ouvrages enfermés dans les vitrines de la Société Nationale d'Horticulture de France, en les présentant ouverts, et visibles à travers les glaces qui les protégeaient.

Sans entrer dans l'énumération complète de ces précieux volumes, nous citerons :

Le *Traité des Jardins*, de la Quintinie, 1690, édition princeps.

De même la première édition du *Théâtre d'Agriculture*, d'Olivier de Serres, 1600, édition fort rare.

De Ch. Estienne, *Seminarium et Plantarium*, etc., 1548.

Une des premières éditions de *Maison Rustique*, 1568.

Le *Jardinier français*, un des premiers livres populaires de Bonnefons, 1651.

De Petri Laurembergie, *Horticultura*, 1654, curieux par ses figures.

Un abrégé du *Traité des Jardinages*, de Boyceau de la Baraudrie, 1689.

De Roger Schabol, *La Théorie et la Pratique du jardinage*, 1767.

Florilegium renovatum, de Mérion.

Le *Jardinier solitaire*, première édition, 1704, ouvrage anonyme attribué à Don Gentil (en religion frère François, chartreux), bon livre que sa forme dialoguée rend monotone.

De très anciennes éditions du *Bon Jardinier*, datant de 1664-1786, etc.

L'*Ecole du Jardin potager*, par de Combes, 1749 (première édition), le premier ouvrage sur la culture potagère.

Puis des ouvrages plus modernes, mais de très grande valeur, comme le *Cours d'Horticulture*, de Poiteau. Celui de Thouin, *Cours de Culture*, etc.

Sur l'Arboriculture :

La manière de cultiver les arbres, de Le Gendre, 1652.

Le Jardin Royal, anonyme, 1671.

Instructions sur la manière de cultiver les arbres, de Triquel 1658.

Traité de la Taille, de Dahuron, 1719.

Abrégé pour les arbres nains, de Laurent, 1675.

Abrégé des bons fruits, de Merlet, 1690.

Quelques spécimens des collections pomologiques, comme : *Le Verger*, de Mas. *Le Jardin fruitier*, du Muséum. Des traités spéciaux plus estimés :

Hardy, *La Taille des arbres*. Lelieur, *La Pomme française*, Mortillet, *Les meilleurs fruits*. Delaville, *Cours d'Arboriculture*. Baltet, *Culture fruitière*.

En Floriculture :

Ferrari, *De florum Cultura*, 1632, orné de gravures très artistiques. *Les Roses*, de Redouté.

Les petits traités spéciaux du P. Daudène, sur *Les Tulipes*. *Les Jacinthes*. *L'Œillet* et *Les Renoncules*. *L'Ecole du Jardinier fleuriste*, 1764. *La Culture des fleurs*, 1712. Morin : *Remarques Mémoires pour la Culture des fleurs*, 1665. De La Chesnée-Monstereul, *Le floriste français*, 1654.

En présentant à l'Exposition de Bruxelles ces curiosités bibliographiques horticoles publiées depuis le xvi° jusqu'à la fin du xviii° siècle, la Société Nationale d'Horticulture de France avait surtout en vue de bien faire reconnaître leur influence remarquable sur la marche de l'Horticulture française.

La Société Nationale d'Horticulture de France accomplit aujourd'hui cette mission de propagande en entretenant une saine émulation dans le monde horticole, en stimulant les efforts dans toutes les branches de l'horticulture française et en y faisant pénétrer le progrès par la bonne direction qu'elle imprime aux recherches et aux études d'ordre pratique et d'ordre scientifique dans toutes les choses qui intéressent le développement de l'Horticulture.

La fondation de la Société remonte à l'année 1827. Sans retracer son histoire, dont le compte-rendu est si bien exposé dans l'Extrait du Journal de la Société (cahier de janvier 1900), sous le titre :

Aperçu historique sur la Société Nationale d'Horticulture de France.
« 1827 à 1899 »
« Par M. D. Bois, Secrétaire-rédacteur de la Société »

Nous ferons quelques emprunts à ce travail des plus consciencieux, à partir des dates où furent élus le Président et le Secrétaire Général actuels.

« M. BLEU, Secrétaire Général depuis 1883, amené à donner sa démis-
» sion pour des raisons de santé, est remplacé dans ces fonctions par
» M. Abel CHATENAY, le 22 décembre 1892 ».

« M. Léon SAY, qui était Président de la Société depuis l'année 1885,
» meurt en 1896 ; M. VIGER, député, ancien Ministre de l'Agriculture, dont
» la compétence en matière horticole est bien connue, et qui a donné de
» nombreuses preuves de son dévouement à la Société, est élu pour le
» remplacer dans cette fonction, dans une Assemblée Générale tenue le
» 22 octobre 1896 ».

Depuis dix-huit années, M. Abel CHATENAY assume la tâche de l'administration intérieure de notre grande Société d'Horticulture de France. Son labeur opiniâtre, son esprit de méthode et de discernement assurent la marche régulière et progressive de la Société.

Lorsqu'en 1896, il y a quatorze années, M. VIGER devint Président de la Société, il apporta une impulsion nouvelle à sa marche ascendante.

Malgré les multiples occupations que lui impose sa haute situation parlementaire et politique, il n'a cessé de mettre sans compter son activité personnelle, ses grandes relations et tout son dévouement au service de la Société Nationale d'Horticulture de France.

Par sa présence à la Présidence de la Société, il donne un puissant relief à la grande Société d'Horticulture française.

A partir des deux dates précitées : 1892 et 1896, la Société Nationale d'Horticulture de France voit s'accroître le nombre de ses membres dans une progression constante indiquée par les chiffres du tableau aux dates quinquennales suivantes :

1895	2.485
1900	3.303
1905	3.765
1910	4.235

La liste a presque doublé dans ces quinze dernières années.

La Société a conservé les traditions de ses fondateurs et de leurs successeurs dans l'organisation des travaux intérieurs de ses Comités, dont elle a successivement augmenté le nombre en raison des nouvelles spécialités qui se créaient. C'est ainsi qu'en 1895 se forma un nouveau Comité : celui chargé de l'étude des orchidées ; en 1896 deux sections nouvelles : l'une spéciale aux chrysanthèmes, l'autre pour les roses.

FORTUNATUS ET ILLE DEOS QUI NOVIT AGRESTES.

Tous les membres de la Société répartis d'après leurs aptitudes et leurs goûts dans ses Comités et ses Sections lui apportent à ce sujet un concours des plus efficaces et des plus précieux.

Son journal mensuel, rédigé par une Commission savante, rend compte de ses actes et des travaux de ses Comités, reproduit les rapports déposés sur des présentations nouvelles ou sur des missions spéciales, ainsi que les conférences faites aux séances de la Société sur des points spéciaux se rattachant à l'Horticulture, et aussi les analyses des publications horticoles françaises et étrangères ou des envois des Sociétés correspondantes.

Les grandes Expositions que la Société tient en mai et en novembre, en dehors de son hôtel, ont pris de plus en plus d'importance; l'affluence du public y est grande; elles sont devenues de véritables fêtes mondaines. Tous les cinq ans elles deviennent internationales.

Les Congrès Horticoles tenus en même temps que les grandes Expositions réunissent un nombre de savants, d'horticulteurs et même d'amateurs de plus en plus grand, pour y discuter ou entendre discuter des questions du plus haut intérêt horticole.

En outre de ses deux grandes Expositions annuelles, la Société organise depuis quelques années, dans la grande salle de son hôtel, des Concours-Expositions pour fruits, plantes forcées, orchidées, plantes fleuries, azalées, pivoines, iris, roses, légumes, glaïeuls, dahlias, chrysanthèmes précoces, et même pour des objets nouveaux de l'Industrie horticole. Elle donne un grand éclat à ces Concours-Expositions aux époques propices, pour les bien faire apprécier par le public qu'elle y invite gracieusement.

Au commencement de l'année 1904, la Société Nationale d'Horticulture de France a provoqué la création du *Comité Horticole français des Expositions Internationales*, dont le bureau fut composé du Président, du Premier Vice-Président, du Secrétaire Général et du Trésorier de la Société.

Ce Comité est chargé de guider et de défendre les intérêts des Exposants horticoles français aux Expositions internationales françaises ou étrangères.

Sous la présidence unique de M. Viger, le Groupe de l'Horticulture et de l'Arboriculture, avec le Groupe de l'Agriculture formèrent le *Comité Agricole et Horticole français des Expositions Internationales*, envisagé comme collaborateur du *Comité français des Expositions à l'Etranger*. La Société Nationale d'Horticulture de France, organisatrice elle-même de grandes et belles Expositions à Paris pour les produits de l'horticulture française, invite, tous les cinq ans, les producteurs horticoles étrangers à venir participer à ses Expositions Internationales quinquennales.

Elle s'intéresse à toutes les grandes manifestations de l'Horticulture, soit en France, soit à l'Etranger, soucieuse qu'elle est d'entretenir des relations, profitables à tous, avec les Sociétés d'Horticulture françaises et étrangères.

Depuis la création et l'organisation de son Comité horticole français des Expositions Internationales, elle s'impose l'obligation de prendre une part active à chaque Exposition Universelle à l'Etranger, et d'y rehausser par l'éclat de ses apports (Publications horticoles) l'importance et la valeur des présentations faites à titre horticole par les Exposants français de toutes ses Sections.

Un **Diplôme de Grand Prix** fut décerné à la Société Nationale d'Horticulture de France pour sa participation à l'Exposition de Bruxelles.

SECTION DES BEAUX-ARTS

de la Société Nationale d'Horticulture de France

En 1898, la Société Nationale d'Horticulture de France créa une Section des Beaux-Arts, dont les premiers Sociétaires adhérents présentèrent leurs tableaux de fleurs et fruits dans une annexe qui leur avait été réservée à l'Exposition printanière de 1898 au jardin des Tuileries.

Cette Exposition des œuvres des artistes peintres les plus en renom dans ce genre fut très goûtée du public qui vient de plus en plus nombreux

aux Expositions d'Horticulture. C'était une innovation heureuse pour la Société Nationale d'Horticulture de France et un succès pour ses dirigeants.

D'année en année, ces artistes donnèrent par leurs apports une attraction de plus aux grandes Expositions de la Société.

La Section des Beaux-Arts compte aujourd'hui plus de 360 sociétaires, formant un groupement des plus intéressants puisque, actuellement, le total des ventes s'élève à plus de 200.000 francs.

Jusqu'à fin 1910, la Section des Beaux-Arts participa à :

    22 Expositions à Paris,
     4   —   à l'Etranger,
     1   —   en Province.

Aux Expositions Internationales à l'Etranger elle fut récompensée :

    Médaille d'Or à Mannheim, 1907,
         —   à Londres, 1908,
         —   à Berlin, 1909.

Elle obtint un **Diplôme d'Honneur** à Bruxelles, en 1910, pour l'ensemble des 65 tableaux qu'elle y exposait dans un salon particulier agencé avec le meilleur goût par les soins de M. LANDEAU, le dévoué Secrétaire délégué de la Section des Beaux-Arts.

Pour donner une idée de l'importance et de la valeur des œuvres exposées à Bruxelles, nous citerons quelques noms des principaux artistes exposants :

M. A. KREYDER, H C. Président de la Section des Beaux-Arts ; ayant un de ses tableaux au Musée du Luxembourg.

M. G. JEANNIN, H C, ayant un de ses tableaux au Musée du Luxembourg.
M. A. BROUILLET, H C, ayant un de ses tableaux au Musée du Luxembourg.
M. A. CESBRON, H C. — M. Henri BIVA, H C. — M. RIVOIRE, H C. — M. DARIEN, H C. — M. CLAUDE, H C. — M. MAGNE, H. C. — M. MONTEZIN, H C. — Mme FAUX-FROIDURE, H C. — Mlle L. ABBEMA. — M. ALLOUARD. — M. LANDEAU. — Mlle COIGNET. — Mlle ODIN. — Mme SALARD. — M. MEY. — M. J. JOBBÉ-DUVAL. — M. LECREUX. — MM. L. et A. PALLANDRE. — M. ROSENSTOCK.

La Section des Beaux-Arts fit à Bruxelles, comme ailleurs, le plus grand honneur à la Société Nationale d'Horticulture de France.

SOCIÉTÉ POMOLOGIQUE DE FRANCE

9, Rue de Constantine, à Lyon

Président : M. G. LUIZET
Secrétaire-Général : M. CHASSET.

Depuis sa fondation en 1856, la Société Pomologique se livre dans chacun de ses Congrès annuels à l'étude des fruits cultivés, et s'efforce de mettre un peu d'ordre dans une foule de variétés locales, de les classer, et de faire adopter et cultiver celles qui sont véritablement recommandables.

Ses recueils, qui sont très nombreux, forment une collection unique bien documentée et fort utile à consulter.

Ses études, dont l'abondance est considérable, se poursuivent constamment, et rendent les plus grands services à l'Arboriculture fruitière.

La Société pomologique de France présentait à l'Exposition de Bruxelles les plus intéressants de ses recueils.

Le Jury lui attribua un **Diplôme d'Honneur**.

M. ALBERT MAUMÉNÉ

Directeur de « La Vie à la Campagne »
79, Boulevard Saint-Germain, à Paris

Chargé par la Librairie Hachette et Cie de diriger ses publications traitant principalement des questions spéciales à l'Horticulture, telles : *La Vie à la Campagne, Jardins et Basses-Cours, Encyclopédie des Connaissances Agricoles*, avait exposé dans un panneau mural, très artistiquement encadré, où étaient présentés les exemplaires de chacun d'eux et leurs meilleures feuilles avec leurs belles illustrations qui faisaient ressortir le goût et le soin apportés à la bonne exécution de tous les détails.

M. MAUMÉNÉ, qui possède des connaissances techniques et pratiques étendues dans le domaine horticole et paysagiste, les applique heureusement dans le choix des articles insérés dans ces publications horticoles, dont il est souvent le parfait écrivain. Il a su les faire apprécier en France et à l'Etranger.

Le Jury lui a décerné un **Diplôme de Médaille d'Or**.

M. LUCIEN CHAURÉ

Directeur-Propriétaire du Journal « Le Moniteur d'Horticulture »

10, Rue de Sèvres, à Paris

Avait exposé quelques spécimens des belles gravures en couleurs, qui illustrent les collections de son journal-revue *Le Moniteur d'Horticulture*, publication horticole bi-mensuelle bien connue et très appréciée.

M. Lucien CHAURÉ s'attache surtout à traiter les questions d'actualité se rapportant à l'horticulture et susceptibles d'intéresser les savants, les techniciens, les amateurs et les praticiens horticoles.

Le Jury International de la Classe 43 lui attribua un **Diplôme de Médaille d'Argent.**

M. CLOVIS OUIN

Fruits moulés

à Alizay (Eure)

Agriculteur dans la vallée de la Seine, M. OUIN s'occupe depuis une douzaine d'années du moulage des fruits et légumes.

Ses reproductions exécutées par des procédés très simples de surmoulage en plâtre sur les sujets eux-mêmes sont ensuite peintes sur ce plâtre avec de la peinture à l'huile.

L'exactitude des tons et leur bon rendu dénotent chez leur auteur une observation rigoureuse et fidèle des fruits et légumes naturels par la ressemblance parfaite qu'il obtient.

Ces fruits et légumes moulés ont été adoptés comme modèles d'enseignement dans les Écoles et Musées suivants :

Ecole d'Agriculture du Neubourg (Eure)...............	France
Ecole normale d'Instituteurs d'Evreux (Eure).........	France
Ecole d'Agriculture de Tunis.......................	Tunisie
Ecole d'Agriculture de l'Etat, à Gand................	Belgique
Musée du Gouvernement, à Madrid...................	Espagne
Musée de l'Ecole d'Oumani, gouvernement de Kieff......	Russie
Ecole de l'Etat, d'Ecônes près Riddes-en-Valais........	Suisse

M. Clovis OUIN exposait une belle collection de pommes d'espèces variées, moulées en plâtre et peintes à l'huile, d'une imitation parfaite.

Le Jury lui accorda un **Diplôme de Médaille d'Argent.**

FRANCE

IV

Serrurerie Horticole

HORS CONCOURS

MM. BERGEROT ... *Membre du Jury de la classe 43.*
MÉRY-PICARD. *Secrétaire-Rapporteur du Jury de la classe 43.*

M. GUSTAVE BERGEROT

Ingénieur Civil. — Ancien Constructeur

6, Rue Clavel, à Paris

Exposait dans de beaux encadrements artistiques des dessins très intéressants, faits à la main et au lavis, pour nouvelles dispositions présentées comme modèles de grilles, serres, marquises, vérandas, etc., créations spéciales relevant de l'art de l'Ingénieur.

M. BERGEROT faisait partie du Jury International, et à ce titre, était placé **Hors Concours**.

M. MÉRY-PICARD

Ingénieur E. C. P. — Ancien Constructeur

M. G. SOHIER, Successeur
138, Avenue Malakoff, à Paris

Présentait un dessin à la plume d'une grande grille d'entrée de parc d'un beau style, construite récemment par son successeur M. G. SOHIER, ainsi que des aquarelles de ponts, passerelles, kiosques, bancs fleuris, modèles de ses anciennes constructions en fers rustiques pour parcs et jardins.

En qualité de Secrétaire-Rapporteur du Jury International de la Classe 43, M. MÉRY-PICARD a été placé **Hors Concours**.

FRANCE

V

Chauffage des Serres

M DURAND-VAILLANT
Constructeur

120, Boulevard de Charonne, à Paris

Maison fondée en 1850, par M. Vaillant, beau-père de M. Durand, qui lui succéda en 1885.

Cette Maison s'est constamment et spécialement occupée du chauffage des serres. Sa construction de chaudières en cuivre ou en tôle d'acier fut toujours des plus soignée.

Indépendamment de son modèle particulier de chaudière tubulaire à grande surface de chauffe et à petit encombrement, qui produit une mise en chauffage très rapide, M. Durand-Vaillant exécute tous les modèles courants tels le fer à cheval en tôle d'acier enveloppé de maçonnerie, employé de tout temps, et toujours en faveur à raison de sa simplicité ; puis la chaudière en cuivre à foyer en forme de fer à cheval surmonté de 2 bouilleurs, avec

dispositions intérieures forçant les gaz de la combustion à allonger leur circulation avant de s'échapper à la cheminée, modèle qui trouve une application avantageuse pour le forçage des roses, nécessitant des démontages et des déplacements fréquents. Il emploie aussi à l'occasion son modèle de chaudière verticale en fonte à magasin de combustible, dans certains cas même il utilise, comme tout le monde, la chaudière à éléments en fonte, de création et d'importation étrangères, entraîné par la vogue dont elle jouit actuellement.

Mais M. Durand-Vaillant recommande surtout sa chaudière tubulaire en tôle d'acier, qu'il applique plus particulièrement dans ses grandes installations en France et à l'Etranger, et dont il fournit une liste importante pour les grands chauffages installés par sa Maison : en Turquie, en Egypte, en Allemagne, en Russie, en Suisse, en Italie, en Chine, au Chili, aux Comorres et même en Perse, etc.

En France, M. Durand-Vaillant cite ses installations pour le chauffage des serres dans une quantité de grandes propriétés et la liste en est fort étendue.

Le Jury International de la Classe 43 lui attribua un **Diplôme de Médaille d'Argent**.

FRANCE

VI
Mobilier de Jardin

MM. LEREDDE et DRUCKER
Fabricants
180, Rue des Pyrénées, à Paris

Leur Exposition consistait en sièges en rotin avec monture en châtaignier où le bon goût, la solidité et le réel bon marché s'alliaient fort bien.

Certains modèles avec montures en jonc rouge, tout en étant plus riches et d'un plus joli dessin se recommandaient aussi par des prix peu élevés.

Enfin, un type de chaise longue démontable à rallonge, facile à fermer et à ouvrir, ne pesant que 9 kilogrammes, était aussi intéressant par son bas prix.

L'exécution des sièges présentés par MM. Leredde et Ducker était parfaite.

Le Jury leur accorda un **Diplôme de Médaille d'Argent.**

FRANCE

VII

Associations Horticoles

ASSOCIATION PROFESSIONNELLE DE SAINT-FIACRE DE PARIS

34, Rue de la Montagne Sainte-Geneviève, à Paris

Président : M. Paul BLANCHEMAIN.
Administrateur : M. Léopold COURTIEL.

Cette Association, qui compte aujourd'hui plus de 2.000 Membres, possède une Vie Coopérative des mieux organisée. C'est un groupement professionnel et familial où les principes de la mutualité la plus fraternelle sont très développés.

Le Conseil Syndical s'applique à encourager l'entente absolue entre tous les Membres.

L'enseignement professionnel y est donné chaque dimanche, dans des visites faites à des jardins en banlieue, ou par des explications sur apports présentés dans les réunions mensuelles.

Des examens à deux degrés sont institués comme sanction des leçons données pendant l'année ; des diplômes sont décernés aux lauréats.

L'organisation est complétée par un Office de Placement qui fournit des emplois à 5 ou 600 jardiniers ou garçons jardiniers par an.

Tous les services sont groupés à la Salle Saint-Fiacre qui est la « Maison Commune ».

L'Association a été honorée d'une **Médaille d'Or** à l'Exposition Universelle de Paris en 1900.

Troisième Partie

NOTICES DESCRIPTIVES

Sur les Exposants des **autres Pays**
par ordre des **Récompenses**
qui leur sont **attribuées**
dans les diverses **Catégories**
de la Classe 43

PAYS	EXPOSANTS
BELGIQUE	18
ALLEMAGNE	18
ITALIE	6
PAYS-BAS	5
ANGLETERRE	2
BRÉSIL	2

BELGIQUE

	EXPOSANTS
I. — ART ET DÉCORATION DES JARDINS	11
II. — MATÉRIEL HORTICOLE	3
IV. — SERRURERIE HORTICOLE	3
V. — CHAUFFAGE DES SERRES	1

I

Art et Décoration des Jardins

GRANDS PRIX

MM. BUYSSENS (Jules)............... *Deux plans de jardins.*
DUMILIEU (François)............ *Travaux d'ornementation en ciment.*

DIPLOMES D'HONNEUR

GALOPPIN (Edm.)............... *Plans de jardins.*
JAQUET........................ *Plans de jardins.*

MÉDAILLES D'OR

BREYDEL (Louis)............... *Groupe de plans de parcs et jardins.*
HUBAUT (A.).................. *Plans de parcs et jardins.*
JANLET (Jules)................ *Plans de parcs et jardins.*
MICHIELS Frères............... *Tableaux de jardins et parcs.*
MARICQ, COLAUX et TABORIAUX. *Travaux des jardins de Bruxelles.*

MÉDAILLE D'ARGENT

VAN DEN BOGAERT de GROOF (P.) *Kiosque rustique.*

MÉDAILLE DE BRONZE

PROCHUS (Léon)............... *Trois plans de jardin d'agrément.*

M. JULES BUŸSSENS

Architecte de jardins

91, Avenue de Cortenberg, à Bruxelles

Présentait le plan, avec détails d'exécution, du Parc de la Héronnière, à Boitsfort-lez-Bruxelles, dont il vient d'achever tout récemment les travaux d'une transformation complète, où se rencontrent de belles scènes d'enrochements, de falaises gazonnées, de massifs d'arbustes et d'arbres transplantés, le tout formant un cadre, d'un imposant aspect, à l'importante pièce d'eau qui longe la vallée.

M. Jules Buyssens avec sa prédilection pour le pittoresque, sa profonde connaissance pratique des diverses branches de l'Horticulture et de l'Architecture paysagère, s'est attaché à embellir les alentours du château par de ravissantes percées jusqu'à la splendide forêt de Soignes, et à ménager à l'habitation l'émerveillement des vues incomparables sur la vallée, en ne laissant pas soupçonner les confins de la propriété.

M. Jules Buyssens avait été chargé par le Comité exécutif de l'Exposition et par la Ville de Bruxelles de créer divers jardins dans l'Exposition.

Le Comité spécial pour l'Horticulture lui avait confié la mission d'arranger les Expositions horticoles du printemps et de l'automne ; ainsi que les terrains occupés par les Concours permanents d'Horticulture et d'Arboriculture en plein air.

Le Jury International de la Classe 43 décerna un **Grand Prix** à M. Jules Buyssens.

M. FRANÇOIS DUMILIEU

Rocailleur

31, Avenue Nouvelle, à Bruxelles

Avait exécuté de remarquables travaux en ciment pour les rochers, passerelles, bassins, ruisseau et bancs rustiques disséminés dans le Jardin de Bruxelles et notamment dans la partie dite Jardin alpin, adossé à Bruxelles-Kermesse.

Le Jury attribua à M. Dumilieu un **Diplôme de Grand Prix**.

M. Edm. GALOPPIN AÎNÉ

Architecte-Paysagiste

87, Rue Vondel, à Shaerbeek-Bruxelles

Dans un beau groupement de panneaux à l'aquarelle, M. Galoppin aîné présentait certains des principaux parcs qu'il a exécutés ou qui sont en cours de création, entr'autres : Parc Josaphat (vallée), à Shaerbeek, cette vallée est très réputée pour sa ressemblance avec la vallée célèbre en Palestine.

Le plan du domaine de Monseigneur le Duc d'Arenberg, à Heverlé-lez-Louvain, d'une superficie de 300 hectares.

Le plan de la propriété de M. le Comte Adrien de Ribeaucourt, à Ostemersé, d'une contenance de 40 hectares.

Le plan de M. le Comte de la Barre, d'une contenance de 45 hectares.

Le plan du parc de Schiplaen à M. Turlinden, de 35 hectares.

M. Edm. Galoppin est ancien élève de feu M. Fuchs, l'architecte-paysagiste belge bien connu.

Le Jury décerna un **Diplôme d'Honneur** à M. Edm. Galoppin.

M. PIERRE JAQUET

Architecte-Paysagiste

52, Chaussée de Vleurgat, à Bruxelles

M. Jaquet avait exposé des plans et perspectives de ses récents travaux, représentés par des dessins à l'aquarelle, dans des genres variés, tels :

Un plan en perspective de la propriété de M. le Baron Janssen, château de Wolvendael, d'une contenance de 30 hectares, avec un parc paysager très accidenté, ayant une futaie de hêtres de toute beauté, traversé par un ravin et des sentiers très escarpés, complété par un jardin français, un fleuriste, un jardin d'hiver, des serres, verger et potager, et un étang bien exposé.

Un plan et une perspective du jardin colonial de l'État Indépendant du Congo (Laeken), contenance 3 hectares, composé d'une habitation de chef de culture, d'un jardin d'hiver, de 10 serres et châssis pour la culture des cafés, poivriers, caoutchoucs, lianes, etc. avec jardin français d'un bel effet; et, aux abords, aménagement en jardin paysager de la partie boisée agrémentée de rochers.

Un plan de lotissement, avec division des parcelles de terrain à vendre, superficie 40 hectares, à Westende-Plage.

Une aquarelle en perspective d'un beau jardin d'hiver, exécuté à Bruxelles, chez M. Sarens.

Un **Diplôme d'Honneur** fut attribué par le Jury à M. JAQUET.

M. LOUIS BREYDEL

Architecte-Paysagiste

10, Rue Emile-Banning, à Bruxelles

Avait groupé ses études et ses plans de parcs et jardins paysagers, dans lesquels on constate un souci de bonne exécution.

Le Jury lui attribua un **Diplôme de Médaille d'Or**.

M. A. HUBAUT

Architecte-Paysagiste

608, Chaussée de Louvain, à Bruxelles

Les plans et aquarelles de parcs et jardins, dont il avait soumis les travaux exécutés ou en cours d'exécution aux Concours temporaires, lui ont fait décerner un **Diplôme de Médaille d'Or** par le Jury International de la Classe 43.

M. JULES JANLET

Architecte-Paysagiste

40, Rue du Monastère, à Bruxelles

Exposait des plans et photographies de jardins créés par lui, dont l'un surtout, d'une charmante originalité, au Pachy, propriété de M. Léon Guinotte, à Bellecourt, par Bascoux (Belgique), est conçu dans un style régulier et géométrique demandant à être très fleuri, mais répondant parfaitement, paraît-il, au goût personnel des propriétaires et à leur passion pour les fleurs et pour les roses surtout.

Le Jury accorda un **Diplôme de Médaille d'Or** à M. JANLET.

MM. MICHIELS FRÈRES
Architectes-Paysagistes
Propriétaires des Pépinières de Montaigu (Belgique)

Leur Exposition comportait des plans de jardins et de parcs exécutés en France et en Belgique, ainsi que la reproduction en relief d'un jardin anglais.

Les plans de jardins et leur exécution constituent une spécialité de leur maison, qui possède pour cette branche un nombreux personnel et un outillage des plus complets.

Leurs grandes Pépinières leur fournissent toutes les plantes nécessaires à la décoration des jardins.

Ils exposaient, en outre, des tableaux de fruits peints d'après nature, de formes et de couleurs fidèlement reproduites.

MM. MICHIELS reçurent un **Diplôme de Médaille d'Or**.

MM. MARICQ, COLAUX ET TABOURIAUX
Entrepreneurs de jardins, à Bruxelles

Le Jury International de la Classe 43 leur décerna un **Diplôme de Médaille d'Or** pour les travaux exécutés dans les jardins belges de l'Exposition et notamment pour ceux des jardins de Bruxelles, devant la grande façade de l'Exposition.

M. POLYDORE VAN DEN BOGAERT-DE GROOF
57, rue Bleue, à Boom (Belgique)

Le Jury lui accorde un **Diplôme de Médaille d'Argent** pour un kiosque en bois rustique couvert de paillassons en jonc de Hollande qu'il avait exposé dans le jardin du Brésil.

M. LÉON PROCHUS

Horticulteur-Architecte, à Obourg (Belgique)

Avait présenté trois plans teintés donnant trois études différentes de jardins d'agrément.

Le Jury décerne à M. Prochus un **Diplôme de Médaille de Bronze.**

II
Matériel Horticole

MÉDAILLE D'OR

M. VANDER VEKEN-FORTUNÉ (Charles). *Pulvérisateurs de liquides à haute pression.*

MÉDAILLES D'ARGENT

M. GROMMEL-MICHEL.................. *Ligature brevetée.*
POTERIES DE SIRAULT............ *Pots à fleurs.*

M. FORTUNÉ-CHARLES VANDER-WEKEN

30, Avenue Cortenberg, à Bruxelles

Présentait des pulvérisateurs de liquides à haute pression de son système breveté pour lesquels le Jury lui accorda un **Diplôme de Médaille d'Or**.

M. MICHEL GROMMET

Pépiniériste, à Battie (Belgique)

Le Jury lui accorde un **Diplôme de Médaille d'Argent** pour son système de ligature d'arbres brevetée.

POTERIES DE SIRAULT

Siège social : 47, Rue Defacqz, à Bruxelles

Présentaient une collection très complète de pots et godets à fleurs de diverses dimensions et d'une exécution très soignée.

Le Jury accorda un **Diplôme de Médaille d'Argent**.

IV

Serrurerie Horticole

HORS CONCOURS

M. MORGLIA (Albert)........ *Toiture métallique vitrée sans mastic.*

MÉDAILLE D'OR

M. HERNAISTEENS (Georges). *Serre à fruits, châssis de couche.*

MÉDAILLE D'ARGENT

M. GISTELINK (Arthur)...... *Serre à fruits.*

M. ALBERT MORGLIA

Ingénieur

339, Rue du Progrès, à Shaerbeek

Exposait un panneau en fer vitré sans mastic du système breveté Morglia. Comme membre du Jury dans une autre classe, il fut placé **Hors Concours**.

M. GEORGES HERNAISTEENS
Constructeur
228-242, Chaussée de la Hulpe, à Boitsfort-lez-Bruxelles

Exposait une serre à fruits démontable, une tablette mobile permettant d'éloigner ou d'approcher les plantes du vitrage, une couche mobile à coffre en ciment armé, chauffée par un thermosiphon transportable également.

Le Jury décerna à M. Hernaisteens un **Diplôme de Médaille d'Or.**

M. ARTHUR GISTELINK
Constructeur
11, Rue Van Oost, à Gentbrugge (Belgique)

Présentait deux travées de serre à fruits, des châssis de couche pour fleurs et primeurs, ainsi que des lattis à ombrager.

M. Gistelink reçut un **Diplôme de Médaille d'Argent.**

V

Chauffage des Serres

M. AIMÉ VAN HEDDEGHEM
Constructeur
77-79, Rue Martens, à Mont-Saint-Amand-lez-Gand

Avait été chargé de plusieurs grandes installations de chauffage dans les Palais et Pavillons belges et notamment dans le Pavillon de l'Agriculture et de l'Horticulture de Belgique pour les Concours temporaires de l'Horticulture.

Le Jury lui décerna un **Diplôme d'Honneur.**

ALLEMAGNE

	EXPOSANTS
I. — ART ET DÉCORATION DES JARDINS........	7
II. — MATÉRIEL HORTICOLE...................	8
V. — CHAUFFAGE DES SERRES.................	2
VI. — MOBILIER DE JARDIN......	3

I
Art et Décoration des Jardins

HORS CONCOURS

M. Fr. BRAHE, Vice-Président du Jury de la Classe 43.

GRANDS PRIX

JARDIN DE LA COLLECTIVITÉ ALLEMANDE
M. KNODT (G.)......... *Animaux décoratifs en cuivre repoussé.*

DIPLOME D'HONNEUR

M. WALTER SCHOTT... *Groupe des 3 femmes dansant sur la margelle d'un puits.*

MÉDAILLES D'OR

MM. GLADENBECK et Fils. *Fonte d'Art.*
MANUFACTURE ROYALE BAVAROISE DE PORCELAINES. *Statuettes.*

MÉDAILLE D'ARGENT

M. R. HULSBERG...... *Jardins de Maisons ouvrières.*

M. FR. BRAHE
Architecte de jardins, à Mannheim

A dirigé les travaux d'exécution et les plantations des jardins de la Collectivité allemande.

Nommé Vice-Président du Jury International de la Classe 43, il fut placé **Hors Concours**.

JARDINS DE LA COLLECTIVITÉ ALLEMANDE

Le projet est de M. le Professeur Emanuel von Seidl, architecte à Munich ; l'exécution technique a été confiée à M. Fr. Brahe, architecte de jardins à Mannheim ; une trentaine d'Exposants y avaient participé, tant pour les œuvres d'art et les objets de décoration, que pour le matériel horticole et le mobilier de jardin, ainsi que pour les plantes fleuries, les arbres et arbustes, etc.

Ces jardins s'étendent sur une superficie, sensiblement plate, de 7.000 à 8.000 mètres carrés. Quelques larges espaces gazonnés avaient été répartis entre le Restaurant de Luxe de l'Allemagne et la brasserie « Maison de Munich ».

Parmi des œuvres d'art et des motifs décoratifs en assez grand nombre figuraient le groupe en bronze des 3 femmes dansant sur la margelle d'un puits, le taureau et le bison gigantesques en cuivre repoussé, les 2 statuettes humoristiques de la Manufacture royale de porcelaines de Munich.

Ces jardins de la Collectivité allemande n'avaient pas, à proprement parler, de style particulier.

Un **Diplôme de Grand Prix** fut attribué.

M. G. KNODT
Ateliers de repoussage du Cuivre, à Francfort-sur-le-Mein

Ont exécuté de façon remarquable en cuivre repoussé le Taureau du sculpteur Bohle et le Bison du sculpteur Modrow. Ces deux animaux de gigantesques et imposantes proportions étaient placés sur de larges piédestaux devant le Hall des Machines motrices allemandes.

Le Jury attribua à M. G. Knodt un **Diplôme de Grand Prix**.

M. WALTER SCHOTT
Sculpteur-Professeur, à Berlin

Auteur du modèle des 3 femmes dansant sur la margelle du puits, composition remarquable par le mouvement qu'a su lui donner le sculpteur.

Un **Diplôme d'Honneur** fut accordé à M. WALTER SCHOTT.

MM. GLADENBECK ET FILS
Fonderie d'Art, à Berlin

Pour la bonne exécution en bronze d'art du groupe des 3 femmes dansant du sculpteur WALTER SCHOTT, ont reçu un **Diplôme de Médaille d'Or**.

MANUFACTURE ROYALE BAVAROISE DE PORCELAINES A MUNICH

Exposait dans les jardins de la Collectivité allemande, deux statuettes, figurines en porcelaine, très humoristiques, placées sur socle, près du Restaurant de Luxe.

Elle obtint un **Diplôme de Médaille d'Or**.

M. HULSBERG
Architecte de jardins, à Herdecke

A tracé les jardinets des deux maisons d'ouvriers d'industrie dans la région industrielle Westphalo-Rhénane.

Il lui fut attribué un **Diplôme de Médaille d'Argent**.

RAPPORT DE LA CLASSE 43

II

Matériel Horticole

DIPLOME D'HONNEUR

MM. ABNER et Cº......... *Tondeuses de gazon.*

MÉDAILLES D'OR

ARMATURENWERK... *Cuivrerie pour tuyaux d'arrosage.*
M. ANDERNACH......... *Produits hydrofuges pour abris.*
RHEINISCH GUMMI... *Und celluloïd-Fabrik. Tuyaux en caoutchouc.*

MÉDAILLES D'ARGENT

KALISYNDICAT....... *Cristaux d'engrais spéciaux.*
MM. KATZ et Cº.......... *Tuteurs en bois kyanisés.*
LANTERJUNG-SOHNE. *Tondeuses de gazon.*
PABST (Emil.)....... *Fabrique de poteries.*

MM. ABNER ET Cº

Manufacturiers, à Ohligs (Province Rhénane)

Maison importante, spéciale pour la fabrication des **tondeuses de gazon**. Plusieurs tondeuses sont en service dans les jardins de la collectivité allemande.

Le Jury décerna un **Diplôme d'Honneur à MM. Abner et Cº.**

ARMATURENWERK NURNBERG-MOGELDORF
G. m. B. H., à Nuremberg-Mogeldorf

Avait installé dans le jardin de la Collectivité allemande, sur une bouche d'arrosage, son système breveté de tuyaux verticaux en cuivre avec tube de remplissage et raccords en cuivre à visser sur les tuyaux d'arrosage en caoutchouc.

Le Jury accorda un **Diplôme de Médaille d'Or**.

M. ANDERNACH
Fabrique à Beuel-sur-le-Rhin

Exposait ses produits hydrofuges, ses matériaux pour toitures et abris, les véritables plaques « Kosmos » et plusieurs de ses systèmes brevetés.

Un **Diplôme de Médaille d'Or** fut attribué à M. ANDERNACH.

RHEINISCHE GUMMI-UND CELLULOID-FABRIK
à Mannheim-Neckarau

Avait fourni tous les tuyaux d'arrosage en caoutchouc avec armature en fil de fer pour les jardins de la collectivité allemande.

Il lui fut accordé un **Diplôme de Médaille d'Or**.

KALISYNDICAT
G. m. B. H., à Leopoldshall-Strassfurt

Le Jury de la Classe 43 l'accepta dans la Classe 43 et lui décerna un **Diplôme de Médaille d'Or** pour ses engrais artificiels en cristaux, appliqués aux pelouses du jardin de la Collectivité allemande.

MM. KATZ & COMP. NACHFOLGER
Établissements de Kyanisation, à Mannheim

Présentaient dans les jardins de la Collectivité allemande toute une série de différents tuteurs kyanisés pour vigne, arbres et rosiers, et produisaient des attestations d'extraordinaire conservation des tuteurs kyanisés.

Il reçurent un **Diplôme de Médaille d'Argent**.

M. LAUTERJUNG SOHNE
Fabricant à Solingen

Une tondeuse de gazons servant dans les jardins de la Collectivité allemande, avait été construite dans sa fabrique de tondeuses pour coiffeurs.

Le Jury lui accorda un **Diplôme de Médaille d'Argent**.

M. EMIL. PABST
Fabrique de poteries, à Meuselwitz (S. A.)

Avait placé sur la main courante en pierre des balustrades de la terrasse du Restaurant de Luxe de l'Allemagne, des corbeilles jardinières en poterie avec cuvettes d'écoulement, le tout d'une seule pièce et d'un modèle très intéressant et décoratif.

M. Emile Pabst obtint un **Diplôme de Médaille d'Argent**.

V

Chauffage des Serres

BUDERUSSCHE EISENWERKE
à Wetzlar

Exposait les **chaudières** LOLLAR, très appréciées en Allemagne et autres pays pour le **chauffage** des serres. Ces chaudières LOLLAR avec leurs différents **raccords sont construites** dans les grandes fonderies de cet important établissement, auquel fut attribué un **Diplôme d'Honneur**.

CENTRAL-HEIZUNGS-ANLAGEN
à Dusseldorf

Obtint un **Diplôme de Médaille d'Or** pour sa spécialité de chaudières, tuyauteries, **raccords**, pour chauffage des serres.

VI
Mobilier de jardin

MM. BEISSBARTH & HOFFMANN
à Mannheim-Rheinau

Ont fourni des bancs, fauteuils et chaises en bois équarris, d'une grande solidité et fortement charpentés, placés dans les allées des jardins de la Collectivité allemande.

Le Jury leur décerna un **Diplôme de Médaille d'Or**.

ITALIE

I

Décoration des jardins

MANIFATTURA DI SIGNA
à Florence

Présentait des vases et jardinières et même des bancs et fauteuils fabriqués en terre cuite à grand feu d'une parfaite exécution et d'une belle ornementation.

Le Jury lui accorda un **Grand Prix**.

ARTIFICIAL STONE COMPANY
à Florence

Sculptures en pierre artificielle. Bancs de repos autour du Pavillon de l'Italie, fut récompensée par un **Diplôme d'Honneur**.

MM. DINI ET CELLAI
à Florence

Belle collection de terres cuites artistiques pour ornementation de jardins, obtinrent un **Diplôme d'Honneur**.

M. ANTONIO FRILLI

à Florence

Exposait de gracieuses jardinières en marbre de Carrare sculpté.

Il lui fut décerné un **Diplôme d'Honneur**.

MM. PUGI I. ET G. FRÈRES

à Florence

Présentaient une vasque en marbre d'un très beau dessin et remarquable par la sculpture.

Ils reçurent un **Diplôme de Médaille d'Or**.

M. PIETRO MAZETTI

à Florence

Vases et jardinières en terre cuite d'un beau modèle.

Le Jury lui attribua un **Diplôme de Médaille d'Argent**.

PAYS-BAS

	EXPOSANTS
I. — ART ET DÉCORATION DES JARDINS	1
IV. — SERRURERIE HORTICOLE	2
VI. — MOBILIER DE JARDIN	1
VII. — ASSOCIATIONS HORTICOLES	1

II
Art et Décoration des jardins

Le Jardin de la Section néerlandaise se développe sur environ 7.000 m. carrés. Il est caractérisé par des dispositions rectilignes et symétriques pour ses plates-bandes et plantations florales, ses alignements d'arbustes verts (buxus et taxus rasés), ses bordures en buis et en céramique.

Au milieu, un grand bassin circulaire avec château-d'eau à gradins ronds étagés et surmontés de colonnettes supportant une large vasque supérieure avec jet d'eau, le tout d'un bel effet.

Aux quatre angles, sont élevés 4 pavillons identiques, d'un joli style décoratif, bâtis avec des produits céramiques de premier choix.

Des grands vases ornementaux montés sur socles en briques apparentes et contenant des arbustes taillés, sont disposés symétriquement aux angles des plates-bandes.

Au milieu de chacun des 4 côtés du jardin sont édifiés d'imposants portails avec gros piliers, larges soubassements, et avancées, de construction massive en briques apparentes spéciales rouges moulurées.

Chaque portail est garni d'une belle grille en fer forgé avec enroulements et rinceaux d'un beau travail de serrurerie.

Ce jardin, composé d'un mélange original de motifs architectoniques, de terrasses bien symétriques, légèrement surélevées et longeant les 4 côtés, d'allées et de plates-bandes bien rectilignes, et de plantations en lignes, des fleurs et des arbustes verts, produits des meilleures spécialités de l'Horticulture et de l'Arboriculture des Pays-Bas, attire l'attention par ses alignements rigoureux, sa rectitude le rend fort intéressant.

Le Jury International de la Classe 43 a décerné un **Diplôme de Grand Prix**.

IV

Serrurerie Horticole

M. DINGEMANS

Constructeur

à Amsterdam

A exécuté deux des 4 grandes grilles ornementales en fer forgé des portiques du jardin de la Section néerlandaise.

Le Jury lui attribua un **Diplôme d'Honneur**.

M. RINGLEVER

Constructeur

à Rotterdam

Exécuta les deux autres des 4 grandes grilles ornementales en fer forgé des portiques du jardin de la Section néerlandaise.

Le Jury lui attribua un **Diplôme d'Honneur**.

VI
Mobilier de jardin

M. VOORNVELD
Fabricant, à Zeist

Reçut un **Diplôme de Médaille d'Or** pour la bonne construction des bancs, chaises et fauteuils en bois équarris qu'il avait placés dans les jardins de la Section néerlandaise ; ils étaient agréables et confortables.

VII

Associations Horticoles

FÉDÉRATION HORTICOLE DES PAYS-BAS
à La Haye

Avait fait figurer, dans des tableaux et graphiques bien ordonnés, les statistiques commerciales, productives, etc., de différentes Sociétés horticoles et de certaines exploitations, complétées par des notes détaillées sur les cultures maraîchères et fruitières, sur les pépinières et la floriculture, sur l'importante culture des oignons à fleurs, sur l'extension considérable de la culture des semences de toutes sortes dans diverses parties de la Hollande.

Etaient aussi expliquées les méthodes d'enseignement horticole à trois degrés, les diverses méthodes coopératives, les ventes publiques du pays néerlandais, avec des chiffres éloquents à l'appui.

Le Jury international de la Classe 43 a décerné un **Diplôme d'Honneur**.

ANGLETERRE

II
Matériel Horticole

THE NORTH BRITISH RUBBER ET C⁰ L^TD
à Edimbourg

Exposait de bons modèles de tuyaux en caoutchouc armés en fil de fer ou d'acier et des tuyaux en caoutchouc nus pour l'arrosage.

Il lui fut accordé un **Diplôme d'Honneur**.

MM. SHANKS ET SON L^TD
à Londres

Présentaient un stand bien garni de tondeuses de gazon robustes et de bonne construction, dont une avec moteur à pétrole.

Il leur fut accordé un **Diplôme de Médaille d'Or**.

BRÉSIL

I
Art et Décoration des Jardins

COMMISSARIAT GÉNÉRAL DES ÉTATS-UNIS
du Brésil

Le jardin d'agrément contigu au Palais du Brésil, qui avait été établi par ses soins, lui mérita un **Diplôme de Médaille d'Or**.

GOVERNO DO ESTADO DA BAHIA
à Bahia

Exposait un Pavillon de Carnauba (bois brésilien), pour l'ornementation des jardins.

Il lui fut attribué un **Diplôme de Médaille d'Argent**.

Quatrième Partie

RÉCOMPENSES

AUX

COLLABORATEURS

& COOPÉRATEURS

COLLABORATEURS

DIPLOME D'HONNEUR

M. GIBAULT, Bibliothécaire de la Société Nationale d'Horticulture de France, 84, rue de Grenelle, à Paris........ France

MÉDAILLES D'OR

MM. BRIANCHON, Attaché au Service des Fêtes et Expositions de la Ville de Paris............................... France

TESNIER (F.), Bibliothécaire adjoint de la Société Nationale d'Horticulture de France, à Paris................... France

CARILLON, Chef du bureau des études (27 ans de services), chez MM. Paul Dubos et Cie, 6, rue Coignet, à Saint-Denis (Seine).. France

OOSTENBROOCK (William), Représentant contremaître, chez M. Tissot, 7, rue du Louvre, à Paris............ France

MÉDAILLES D'ARGENT

MM. ALLOUARD (Edm.), Fondateur Secrétaire de la Section des Beaux-Arts de la Société Nationale d'Horticulture de France, à Paris....................................... France

BUCHLER (E.) TECNIKER de M. Fr. Brahe, à Mannheim.. Allemagne

BAKER (Esq.), General Manager, The North British Rubber et Cie, à Edinburg................................. Angleterre

CARLENS (Mme Jean), depuis 25 ans à la tête du personnel féminin, chez MM. Michiels Frères, à Montaigu....... Belgique

MÉDAILLES D'ARGENT

MM. DAVID (Jean), 27 ans de services, chez MM. Dufour, rue Mauconseil, à Paris.................................. France

FOUCHÉ (Paul), Dessinateur pour M. Touret depuis 1912, 21, boulevard Saint-Marcel, à Paris................... France

JOHNSTON (Esq.), Yorks Manager, The North British Rubber et C°, à Edinburg........................ Angleterre

MAYER (Joseph), Chef de bureau depuis 1903, chez M. Buyssens, 22, rue Saint-Quentin, à Bruxelles....... Belgique

MISS, Secrétaire de la rédaction de *La Vie à la Campagne*. Directeur M. Maumené, 79, boulevard Saint-Germain, à Paris... France

REDONT (Léon), Conducteur de travaux depuis 20 ans, chez M. Redont, 34, boulevard Louis-Roederer, à Reims. France

REDONT (Louis), 20 ans de services, Conducteur de travaux, chez M. Redont, 64, rue Louis-Blanc, à Paris. France

TERNAT (Emile), depuis 7 ans Chef rocailleur, chez M. Dumilieu, 31, avenue Nouvelle, à Bruxelles........ Belgique

TRÉGIS (Basile), Directeur des travaux depuis 1892, chez M. Touret, architecte-paysagiste, 27, rue Franklin, à Paris... France

MÉDAILLES DE BRONZE

MM. BARBE (F.), Chef de chantiers, 18 ans de services chez M. Touret, 27, rue Franklin, à Paris............... France

DROUOT, Secrétaire de la rédaction de *Jardins et Basses-cours*, Directeur M. Maumené, 79, boul. Saint-Germain, à Paris... France

MALVIGNE (El.), 25 ans de services chez MM. Dufour, 27, rue Mauconseil, à Paris........................ France

MÉDAILLES DE BRONZE

MM. PRENCHAIR, Dessinateur pour M. Bergerot, juré de la Classe 43, 6, rue Clavel, à Paris.................... France

WYBO, Dessinateur-Architecte pour M. Méry-Picard, secrétaire-rapporteur du Jury de la Classe 43, 19, rue des Martyrs, à Paris.................................. France

COOPÉRATEURS

MÉDAILLES DE BRONZE

MM. LEONOR (Désiré-Victor), Directeur d'usine chez MM. Paul Dubos et Cⁱᵉ, 6, rue Coignet, à Saint-Denis (Seine)..... France

PLAG (Rob.), chez M. Fr. Brahe, Vice-président du Jury de la Classe 43, à Mannheim........................ Allemagne

WERNER, chez M. Fr. Brahe, à Mannheim............. Allemagne

WARD (Georges), 18 ans de services, Chef de cultures, chez M. Redont, architecte-paysagiste, 34, boulevard Louis-Rœderer, à Reims.............................. France

Pour compléter ce rapport, il paraît intéressant de faire connaître les *Droits de Douane* dont sont frappés actuellement les articles de nos Exposants de la Classe 43 à leur entrée en Belgique :

Coutellerie horticole...............................	10 0/0 ad valorem
Sécateurs. — Rateaux en fer. — Bêches.................	4 fr. les 100 kilos
Pulvérisateurs en cuivre................................	12 fr. les 100 kilos
Seringues d'arrosage. — Arrosoirs en tôle galvanisée, en zinc. — Etiquettes...........................	13 0/0 ad valorem
Mastics à greffer : 20 0/0 d'alcool....................	70 fr. l'hecto
— — de 20 à 50 0/0 d'alcool..............	175 fr. l'hecto
— — plus de 50 0/0 d'alcool...............	350 fr. l'hecto
Verrerie : flacons en verre blanc ou 1/2 blanc..........	2 fr. les 100 kilos
— — autres.........................	1 fr. 50 les 100 kilos
Tondeuses de gazon, en fonte........................	2 fr. les 100 kilos
— — en fer ou acier..................	4 fr. les 100 kilos
Grilles et serres en fer................................	4 fr. les 100 kilos
Serres et treillages en bois. — Sièges. — Caisses à fleurs.	10 0/0 ad valorem
Chaudières à vapeur, en fer...........................	4 fr. les 100 kilos
— — en fonte.......................	2 fr. les 100 kilos
Tuyaux en cuivre.....................................	10 fr. les 100 kilos
— en fer...	4 fr. les 100 kilos
— en caoutchouc...............................	10 0/0 ad valorem

CONCLUSION

Comme nous l'avons dit au commencement de ce Rapport, la Belgique avait groupé dans le cadre merveilleux de son Exposition Universelle et Internationale à Bruxelles en 1910, les trente mille Exposants de vingt-six nationalités, appartenant à toutes les parties du monde.

La France y occupait une place prépondérante avec ses dix mille Exposants, soit le tiers du chiffre général.

Ses produits exposés ont fait, comme partout et toujours, l'admiration des visiteurs, grâce à leurs mérites d'exécution, de goût et de valeur artistique.

Notre Classe 43 avait apporté son appoint au bel ensemble de la Section française.

Numériquement et professionnellement, la Classe 43 a été bien représentée à Bruxelles dans toutes ses catégories spéciales.

La Belgique et l'Allemagne avaient fait de bonnes présentations dans l'Art et la Décoration des Jardins et dans le Matériel horticole.

L'Italie avait uniquement porté ses efforts sur les décorations artistiques pour l'ornementation des jardins ; et, dans cette catégorie, six importantes maisons de Florence exposaient de beaux spécimens en marbres et céramiques d'art.

Pour les autres catégories de la Classe 43, l'abstention des autres pays a été pour ainsi dire générale.

Au point de vue de l'Art des Jardins, nos paysagistes français ont continué à soutenir le bon renom que notre architecture paysagère française a su conquérir dans le monde entier.

Beaucoup des paysagistes belges et des meilleurs sont des élèves de nos plus réputés paysagistes français.

En dehors des présentations faites dans les stands de la Classe 43 par les architectes français et belges qui appliquent sensiblement les mêmes principes dans l'Art des Jardins, il y avait à remarquer, à l'Exposition de Bruxelles tout d'abord, le Jardin de la Section française, œuvre de grand style français due à l'architecte-paysagiste de la Ville de Paris ; puis, dans les Jardins de Bruxelles, les parties traitées en jardins alpins par l'architecte-paysagiste de la Ville de Bruxelles.

Venait ensuite le Jardin Néerlandais auquel son style mixte et sa symétrie rigoureuse donnaient un caractère d'harmonieuse originalité.

Quelques efforts avaient été tentés dans le Jardin de la Collectivité allemande au point de vue de la décoration par objets d'art parmi lesquels quelques-uns seulement avaient un caractère réellement artistique.

Dans la catégorie du Matériel horticole, l'Allemagne et l'Angleterre présentaient surtout des tuyaux d'arrosage en caoutchouc, pour lesquelles leurs grandes manufactures font beaucoup d'exportation. Il en est de même pour leurs spécialités de tondeuses de gazon, avec lesquelles les représentants commerciaux de leurs fabricants tiennent la plus grande partie du marché aussi bien en France qu'en Belgique.

Pour le Chauffage des Serres, la concurrence de l'Allemagne est des plus intenses, car certaines grandes fonderies allemandes produisent tout spécialement les chaudières et les tuyauteries en fonte, et plus particulièrement les chaudières à éléments en fonte.

La Belgique et les Pays-Bas emploient en grande partie ces systèmes allemands pour le chauffage des serres.

Depuis plusieurs années, on a tenté d'acclimater en France ces types de chauffage des serres, en raison du bas prix de ces fournitures et de leur facilité de montage, mais sans trop de succès.

Cette concurrence allemande trouve surtout un appui dans le système des primes à l'exportation en usage en Allemagne.

Quoi qu'il en soit, tout au moins en France, l'engouement a cessé pour ces chauffages allemands à bon marché, et nos constructeurs français, grâce aux avantages que présente la soudure électrique, produisent à meilleur compte leurs chaudières en tôle d'acier, dont les dispositions heureuses de meilleure utilisation de la chaleur et de peu d'encombrement permettent des installations économiques, de grande solidité et de longue durée.

L'absence complète des Publications horticoles, autres que celles de la Section française, nous a surtout frappés. Car la Belgique, les Pays-Bas, l'Allemagne et l'Angleterre possèdent des périodiques très répandus et très appréciés dans le domaine horticole.

Nous n'avons pu que déplorer cette abstention presque générale des étrangers dans cette branche si intéressante de vulgarisation horticole pratique et scientifique.

Au résumé, nos Exposants français de la Classe 43, qui n'ont ménagé ni leurs déplacements ni leurs dépenses, ont tenu à honneur de faire, à l'Exposition de Bruxelles, comme précédemment dans les autres

Expositions à l'Étranger, apprécier les mérites et la valeur de l'industrie et de l'art horticoles français.

Notre Comité horticole français des Expositions internationales ne saurait trop les en féliciter, car il s'applaudit de voir leurs efforts couronnés de succès.

Il désire aussi que, par ces grandes manifestations auxquelles il les convie chaque année, en pays différent, il puisse s'ouvrir à l'étranger de grands débouchés à nos produits et se créer de solides relations commerciales.

TABLE DES MATIÈRES

TABLE DES MATIÈRES

EXPOSÉ GÉNÉRAL

Participation de la France 3

PREMIÈRE PARTIE

Comité d'admission et d'installation de la Classe 43 5
Installation des Exposants de la Classe 43 7
Catégories des Exposants dans la Classe 43 9
Formation du Jury international pour la Classe 43 11
Répartition des Récompenses aux Exposants de la Classe 43 12
Liste des Récompenses. — Palmarès de la Classe 43 14

DEUXIÈME PARTIE

Section Française 17
   I. — Art et Décoration des Jardins 19
   II. — Matériel horticole 33
   III. — Publications horticoles 39
   IV. — Serrurerie horticole 51
   V. — Chauffage des Serres 53
   VI. — Mobilier de Jardin 55
   VII. — Associations horticoles 57

TROISIÈME PARTIE

Belgique... 61
   I. — Art et Décoration des Jardins................................. 61
   II. — Matériel horticole.. 67
   IV. — Serrurerie horticole.. 68
   V. — Chauffage des Serres... 69

Allemagne... 71
   I. — Art et Décoration des Jardins................................. 71
   II. — Matériel horticole.. 75
   V. — Chauffage des Serres... 78
   VI. — Mobilier de Jardin.. 79

Italie... 81
   I. — Décoration des Jardins.. 81

Pays-Bas... 83
   I. — Art et Décoration des Jardins................................. 83
   IV. — Serrurerie horticole.. 85
   VI. — Mobilier de Jardin... 86
   VII. — Associations horticoles..................................... 87

Angleterre... 89
   II. — Matériel horticole.. 89

Brésil... 94
   I. — Art et Décoration des Jardins................................. 94

QUATRIÈME PARTIE

Récompenses aux Collaborateurs et aux Coopérateurs 93
Tarifs des Douanes de Belgique pour les articles de la Classe 43 99
Conclusion 101

Charles SCHENCK
IMPRIMEUR
24, RUE DES ÉCOLES 24 — PARIS
Téléphone 830-00

www.ingramcontent.com/pod-product-compliance
Lightning Source LLC
Chambersburg PA
CBHW070529100426
42743CB00010B/2015